直接書き込む やさしい数学Iノート

［三訂版］

旺文社

本書の構成と特長

本書の **構成** は以下の通りです。

0　数学Ⅰを48の単元に分けました

教科書のまとめ：学習するポイントをまとめました。
そのままヒントにもなり，整理にも活用できます。

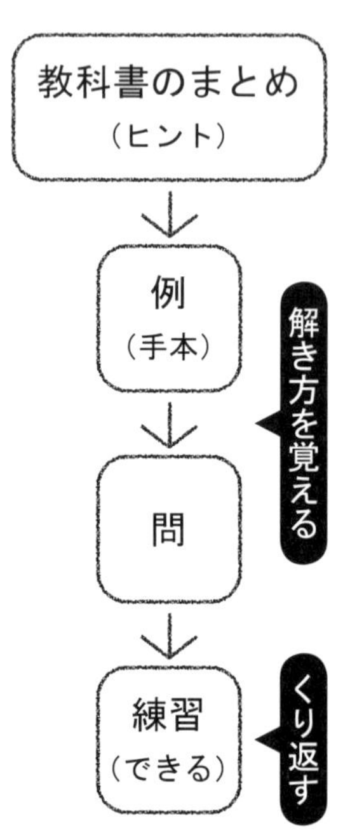

例 考え方や解法がすぐにわかるシンプルな問題を取り上げました。

解 手本となる詳しい解答。ポイントを矢印で示し，答は**太字**で明示しました。

問 **例**とそっくりの問題を対応させました。

解 解き方を覚えられるように，書き込める空欄を配置しました。

練習 例・問の類題。反復練習により，考え方，公式などの定着をはかります。

別冊解答 考え方 数学的な考え方，方針やポイントを示しました。

解けなくても理解できる詳しい解答を掲載しました。

本書の **特長** は以下の通りです。

① 直接書き込める，まとめ・問題付きノートです。
② 日常学習の予習・復習に最適です。
③ 教科書だけではたりない問題量を補うことで，基礎力がつき，苦手意識をなくします。
④ 数学の考え方や公式などを，やさしい問題をくり返し練習することで定着させます。
⑤ 解答欄の罫線つきの空きスペースに，解答を書けばノートがつくれます。
⑥ 見直せば，自分に何ができ，何ができないかを教えてくれる参考書となります。
⑦ これ一冊で，スタートできます。

本書の特長である「例そっくりの問を解くこと」を通して，自信がつき，数学が好きになってもらえることを願っています。

もくじ

第1章　数と式

第2章　集合と命題

第3章　2次関数

第4章　図形と計量

第5章　データの分析

本文デザイン：大貫としみ　図：蔦澤 治，（株）プレイン　執筆：酒井 琢，内津 知

1 整式

整式の次数，整式の整理

① 整式
- **単項式**…$5xy^2$ のように数や文字の積として表される式
  - **次数**…かけ合わせた文字の個数　**係数**…数の部分
- **多項式**…$2x^2y-3y^2+2$ のように単項式の和や差として表される式
  - **次数**…各項の次数のうち最も高いもの　**定数項**…文字を含まない項

・次数 n の整式を n 次式という。

② **1つの文字に着目する**→その文字以外は“数”とみなすこと

③ **整式の整理**

(i) **同類項をまとめる**→文字の部分が同じ項をまとめること

(ii) **降べきの順に整理する**→項を次数の高い方から低い方へ順に並べること

例1 次の（　）に当てはまる数，式を答えよ。

(1) 単項式 $5x^2yz^3$ の次数は（　），係数は（　）である。また，文字 x に着目すると，次数は（　），係数は（　　）である。

(2) 多項式 a^2b-2ab^3+3 の次数は（　），定数項は（　）である。
また，a についての（　）次式である。

(3) 整式 $3ab^2+4a^2b-a^2b+ab^2$ の同類項をまとめると，
（　）ab^2+（　）a^2b

(4) 整式 $x^2+xy-2y^2+3x+2$ を x について降べきの順に整理すると，
x^2+（　　）$x-2y^2+2$

解

(1) （順に）6，5，2，$5yz^3$
↗ x に着目したら，y，z は“数”とみなす

(2) （順に）4，3，2
↗ 各項の次数は，3，4，0 であるから，次数は最も高い 4 である。また，a に着目すると各項の次数は，2，1，0 であるから，次数は 2 より，a についての 2 次式である

(3) $3ab^2+4a^2b-a^2b+ab^2$
$=(3+1)ab^2+(4-1)a^2b$
$=4ab^2+3a^2b$ ←〰と―がそれぞれ同類項

(4) $x^2+xy-2y^2+3x+2$ ← x の1次の項をまとめて，x でくくる
$=x^2+(y+3)x-2y^2+2$

問1 次の（　）に当てはまる数，式を答えよ。

(1) 単項式 $-3ab^4c^2$ の次数は（　），係数は（　）である。また，文字 b に着目すると，次数は（　），係数は（　　）である。

(2) 多項式 $xy^2-2x^3y+4x^3-5$ の次数は（　），定数項は（　　）である。
また，y についての（　）次式である。

(3) 整式 $x^3+x^2y-xy+2x^3-3xy$ の同類項をまとめると，
（　）x^3+x^2y-（　）xy

(4) 整式 $a^2-ab-6b^2+a+7b-2$ を a について降べきの順に整理すると，
a^2+（　　）$a-6b^2+7b-2$

解

(1) （順に）

(2) （順に）

(3) $x^3+x^2y-xy+2x^3-3xy$
$=$

(4) $a^2-ab-6b^2+a+7b-2$
$=$

練習 1 次の(　)に当てはまる数，式を答えよ。

(1) 単項式 $-\dfrac{ab^2x}{2}$ の次数は(　)，係数は(　)である。また，文字 b に着目したときの次数は(　)，係数は(　)である。

(2) 多項式 $x^4+x^2y+2y^3-4$ の次数は(　)，定数項は(　)である。また，文字 y についての(　)次式であり，このとき，定数項は(　)である。

(3) 整式 $4x^2y-5y^2x-yx^2+2xy^2$ の同類項は(　)と(　)，(　)と(　)の二組あるので，これをまとめると

$$(\quad)x^2y-(\quad)xy^2$$

となる。

(4) 整式 $x^4-2x^2+x^3-x^4+x^2-3$ の同類項をまとめて，x について降べきの順に整理すると，(　)となる。

(5) 整式 $kx^2-2kx+x^2-x-2$ を，x について降べきの順に整理すると，

$$(\quad)x^2-(\quad)x-2$$

また，k について降べきの順に整理すると，

$$(\quad)k+(\quad)$$

となる。

練習 2 次の整式を[　]内の文字について降べきの順に整理せよ。

(1) $3x^2+2xy-y^2-7x+5y-6$

(i) $[x]$

(ii) $[y]$

(2) $a^2+b^2-2ab+2bc-2ca$

(i) $[a]$

(ii) $[c]$

2 多項式の加法と減法

加法・減法，分配法則

① 多項式の加法，減法は同類項をまとめる。

② 分配法則　A，B が整式，k が定数のとき，$k(A+B)=kA+kB$

例2　$A=a^2+b^2$，$B=a^2-3ab$，$C=2ab+b^2$ のとき，次の式を a，b の式で表せ。

(1)　$A+B$　　(2)　$A+3C$

(3)　$6A+B-3(2A-C)$

解 (1)　$A+B$

$=(a^2+b^2)+(a^2-3ab)$

$=a^2+a^2+b^2-3ab$　←同類項をまとめる

$=\mathbf{2a^2-3ab+b^2}$

(2)　$A+3C$

$=(a^2+b^2)+3(2ab+b^2)$

$=a^2+b^2+6ab+3b^2$　←分配法則

$=\mathbf{a^2+6ab+4b^2}$　←同類項をまとめる

(3)　$6A+B-3(2A-C)$

$=6A+B-6A+3C$　←分配法則

$=B+3C$　←このように簡単な式に直す

$=(a^2-3ab)+3(2ab+b^2)$

$=a^2-3ab+6ab+3b^2$

$=\mathbf{a^2+3ab+3b^2}$

問2　$A=x^2+xy+2y^2$，$B=3x^2-y^2$，$C=x^2+2xy$ のとき，次の式を x，y の式で表せ。

(1)　$A+B$　　(2)　$2A-3C$

(3)　$3(A-B)-2(C-2B+A)$

解 (1)　$A+B$

$=$

(2)　$2A-3C$

$=$

(3)　$3(A-B)-2(C-2B+A)$

$=$

練習3　$A=-a^2+ab+b^2$，$B=2a^2-ab+3b^2$ のとき，次の式を a，b の式で表せ。

(1)　$2A-3B$

$=$

(2)　$A-\{B-3(A-B)\}$

$=$

3 多項式の乗法

指数法則，分配法則

① 指数法則 m，n が正の整数のとき

(i) $a^m \cdot a^n = a^{m+n}$ (ii) $(a^m)^n = a^{m \times n}$ (iii) $(ab)^n = a^n b^n$

② 分配法則 A，B，C が整式のとき

$A(B+C) = AB + AC$，$(A+B)C = AC + BC$

例3 次の計算をせよ。

(1) $a^2 \times a^3$

(2) $(3x^3)^2 \times (-x)^3$

(3) $(2x-3)(x^2+x-2)$

解

(1) $a^2 \times a^3 = a^{2+3} = \boldsymbol{a^5}$ ←①(i)

(2) $(3x^3)^2 \times (-x)^3$

$= 3^2 \times (x^3)^2 \times (-1)^3 \times x^3$ ←①(iii)

$= 9 \times x^{3\times2} \times (-1) \times x^3$ ←①(ii)

$= -9x^6 \times x^3$

$= \boldsymbol{-9x^9}$ ←①(i)

(3) $(2x-3)(x^2+x-2)$ ←②
$A = 2x$
$B = -3$
$C = x^2+x-2$

$= 2x(x^2+x-2)$

$\quad -3(x^2+x-2)$

$= 2x^3 + 2x^2 - 4x - 3x^2 - 3x + 6$

$= \boldsymbol{2x^3 - x^2 - 7x + 6}$ ←同類項をまとめる

問3 次の計算をせよ。

(1) $x^4 \times x^3$

(2) $(a^2b)^2 \times (-ab)^3$

(3) $(3x-2)(x^2-2x-1)$

解

(1) $x^4 \times x^3 =$

(2) $(a^2b)^2 \times (-ab)^3$

$=$

(3) $(3x-2)(x^2-2x-1)$

$=$

練習4 次の計算をせよ。

(1) $2a^3 \times 3a^2$

$=$

(2) $(3ab)^2 \times (-a^2b)^3$

$=$

(3) $(2x-y)(4x^2+2xy+y^2)$

$=$

(4) $(x^2+x-2)(x+2)$

$=$

4 展開 (1)

乗法公式 (1)

① $(a+b)^2=a^2+2ab+b^2$, $(a-b)^2=a^2-2ab+b^2$

② $(a+b)(a-b)=a^2-b^2$

③ $(x+a)(x+b)=x^2+(a+b)x+ab$

④ $(ax+b)(cx+d)=acx^2+(ad+bc)x+bd$

例④ 次の式を展開せよ。

(1)　$(2x+3)^2$

(2)　$(x+3)(x-3)$

(3)　$(x-2)(x+4)$

(4)　$(3x+2)(x-3)$

解

(1)　$(2x+3)^2$　←公式①

$=(2x)^2+2\cdot(2x)\cdot3+3^2$　← $2x^2+\cdots$としないこと

$=\mathbf{4x^2+12x+9}$

(2)　$(x+3)(x-3)$　←公式②

$=x^2-3^2$

$=\mathbf{x^2-9}$

(3)　$(x-2)(x+4)$　←公式③

$=x^2+(-2+4)x-2\cdot4$

$=\mathbf{x^2+2x-8}$

(4)　$(3x+2)(x-3)$　←公式④

$=3x^2+\{3\cdot(-3)+2\cdot1\}x-2\cdot3$

$=\mathbf{3x^2-7x-6}$

問4 次の式を展開せよ。

(1)　$(3x-1)^2$

(2)　$(x-2y)(x+2y)$

(3)　$(x+1)(x-3)$

(4)　$(2a-5)(4a-1)$

解

(1)　$(3x-1)^2$

$=$

(2)　$(x-2y)(x+2y)$

$=$

(3)　$(x+1)(x-3)$

$=$

(4)　$(2a-5)(4a-1)$

$=$

練習5 次の式を展開せよ。

(1)　$(3x+2)^2$

$=$

(2)　$(2a-b)(2a+b)$

$=$

(3)　$(x+2y)(x-y)$

$=$

(4)　$(3x+y)(2x-3y)$

$=$

5 展開 (2)

おきかえ，組合せ

① 共通な式をひとつの文字でおきかえる。
② 組合せを工夫する。
} 公式を利用する。

例5 次の式を展開せよ。

(1) $(a+b+c)^2$

(2) $(x+y-1)(x+y-2)$

(3) $(x+2)^2(x-2)^2$

解 (1) $a+b=X$ とおくと，

$(a+b+c)^2=(X+c)^2$ ⬆おきかえると，公式が使える

$=X^2+2cX+c^2$ ⬇展開したら，もとにもどす

$=(a+b)^2+2c(a+b)+c^2$

$=a^2+2ab+b^2+2ca+2bc+c^2$

$=\boldsymbol{a^2+b^2+c^2+2ab+2bc+2ca}$

(2) $x+y=X$ とおくと，

$(x+y-1)(x+y-2)$

$=(X-1)(X-2)$ ⬅おきかえて，公式利用

$=X^2-3X+2$

$=(x+y)^2-3(x+y)+2$ ⬅もとにもどす

$=\boldsymbol{x^2+2xy+y^2-3x-3y+2}$

(3) $(x+2)^2(x-2)^2$ ⬅$a^2b^2=(ab)^2$を利用

$=\{(x+2)(x-2)\}^2$

$=(x^2-4)^2$

$=\boldsymbol{x^4-8x^2+16}$ ⬅x^2 を X でおきかえてから展開してもよい

問5 次の式を展開せよ。

(1) $(x-y+z)^2$

(2) $(a+b-2)(a+b+4)$

(3) $(x-y)^2(x+y)^2$

解 (1)

$(x-y+z)^2=$

(2)

$(a+b-2)(a+b+4)$

$=$

(3) $(x-y)^2(x+y)^2$

$=$

練習 6 次の式を展開せよ。

(1) $(a+b+c)(a-b+c)$

(2) $(x-1)(x-3)(x+1)(x+3)$

$=$

6 因数分解 (1)

共通因数でくくる，因数分解の公式 (1)

① $ma+mb=m(a+b)$

② $a^2+2ab+b^2=(a+b)^2$，$a^2-2ab+b^2=(a-b)^2$

③ $a^2-b^2=(a+b)(a-b)$

例6 次の式を因数分解せよ。

(1) $3ax-6ay$

(2) x^2-6x+9

(3) x^2-25

解

(1) $3ax-6ay$　← 与式に共通因数 $3a$ がある

$=3a\cdot x-3a\cdot 2y$

$=\mathbf{3a(x-2y)}$

(2) x^2-6x+9　← $a^2-2ab+b^2$ の形

$=x^2-2\cdot x\cdot 3+3^2$

$=\mathbf{(x-3)^2}$

(3) x^2-25　← a^2-b^2 の形

$=x^2-5^2$

$=\mathbf{(x+5)(x-5)}$

問6 次の式を因数分解せよ。

(1) $4a^2+12ab$

(2) $a^2+8a+16$

(3) x^2-36

解

(1) $4a^2+12ab$

$=$

(2) $a^2+8a+16$

$=$

(3) x^2-36

$=$

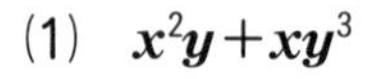

練習7 次の式を因数分解せよ。

(1) x^2y+xy^3

$=$

(2) $x^2+12x+36$

$=$

(3) a^2-4b^2

$=$

(4) $a(x+y)-b(x+y)$

$=$

(5) $9x^2+12x+4$

$=$

(6) $x^2-4xy+4y^2$

$=$

7 因数分解 (2)

因数分解の公式 (2)

① $x^2+(a+b)x+ab=(x+a)(x+b)$

② $acx^2+(ad+bc)x+bd=(ax+b)(cx+d)$

② たすき掛け

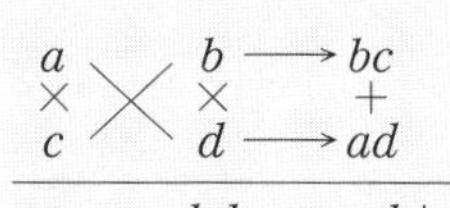

ac　bd　$ad+bc$ ← これを満たす a, b, c, d をさがす

例7 次の式を因数分解せよ。

(1) $x^2+8x+15$

(2) $3x^2-5x-2$

(1) $x^2+8x+15$

$=x^2+(3+5)x+3\cdot5$ ← $x^2+(a+b)x+ab$ となる a, b をさがす

$=(x+3)(x+5)$

(2) 右の計算より,

$3x^2-5x-2$

$=(x-2)(3x+1)$

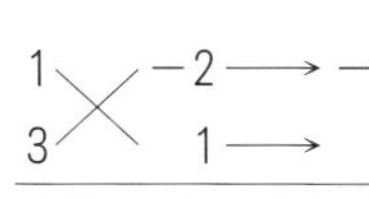

3　-2　5

問7 次の式を因数分解せよ。

(1) $x^2+2x-15$

(2) $3x^2+5x-2$

(1) $x^2+2x-15$

$=$

(2)

練習 8 次の式を因数分解せよ。

(1) $x^2+12x+32$

$=$

(2) $2x^2+3x+1$

(3) $3x^2-10x+3$

(4) $6x^2-11x+3$

(5) $9x^2-21x+10$

(6) $12x^2+3x-15$

8 因数分解 (3)

複雑な式の因数分解

① 式のある部分や共通な式をひとつの文字でおきかえる。

② 次数が最も低い文字で式を整理する。

③ 1つの文字について，降べきの順にする。

例8 次の式を因数分解せよ。

(1) $(x+y)^2-2(x+y)-3$

(2) $a^2+ab-3a-2b+2$

(3) $x^2+3xy+2y^2-2x-3y+1$

解 (1) $x+y=X$ とおくと，

$(x+y)^2-2(x+y)-3$

$=X^2-2X-3$ ←因数分解できる

$=(X-3)(X+1)$ ←X をもとにもどす

$=\boldsymbol{(x+y-3)(x+y+1)}$

(2) $a^2+ab-3a-2b+2$ ←次数が低い方の文字 b でくくる

$=b(a-2)+(a^2-3a+2)$

$=b(a-2)+(a-1)(a-2)$

$=(a-2)(b+a-1)$ ←共通因数 $a-2$ でくくる

$=\boldsymbol{(a-2)(a+b-1)}$

(3) $x^2+3xy+2y^2-2x-3y+1$

$=$ ① $x^2+(3y-2)x+2y^2-3y+1$ ②

$$\begin{array}{ccccc} 1 & \times & -1 & \longrightarrow & -2 \\ 2 & & -1 & \longrightarrow & -1 \\ \hline 2 & & 1 & & -3 \end{array}$$

$=$ ③ $x^2+(3y-2)x+(y-1)(2y-1)$ ②

$$\begin{array}{ccccc} 1 & \times & y-1 & \longrightarrow & y-1 \\ 1 & & 2y-1 & \longrightarrow & 2y-1 \\ \hline 1 & & (y-1)(2y-1) & & 3y-2 \end{array}$$

$=$ ③ $\boldsymbol{(x+y-1)(x+2y-1)}$

① x，y の次数は，ともに2で同じなので，1つの文字 x について降べきの順にする

②，③ たすき掛けによる因数分解

問8 次の式を因数分解せよ。

(1) $(x-2y)^2+(x-2y)-2$

(2) $x^2+xy-x+y-2$

(3) $x^2+4xy+3y^2+x+5y-2$

解 (1)

(2) $x^2+xy-x+y-2$

$=$

(3) $x^2+4xy+3y^2+x+5y-2$

$=$

練習 9　次の式を因数分解せよ。

(1) a^4-16

(2) $x^2-(y+z)^2$

(3) x^4-3x^2-4

(4) $(x^2+x)^2-6(x^2+x)$

(5) $x^2-xy+2y-4$

$=$

(6) $a^2+b^2+2ab+bc+ca$

$=$

(7) $2x^2-xy-3y^2+5y-2$

$=$

(8) $3x^2-7xy+2y^2+2x+y-1$

$=$

9 実　数

実数，循環小数

① 実数

- **有理数**…整数 $m(\neq 0)$，n を用いて $\dfrac{n}{m}$ と表される数。$n \div m$ を計算すると，**有限小数** $\left(例: \dfrac{1}{4}=0.25\right)$ または**循環小数** $\left(例: \dfrac{4}{11}=0.3636\cdots\right)$ になる。
- **無理数**…有理数ではない数。小数で表すと循環しない小数（例: $\sqrt{2}=1.41\cdots$）になる。

② **循環小数は，循環する部分の最初と最後の数の上に・をつけて表す。**

例 $\dfrac{1}{3}=0.33\cdots=0.\dot{3}$，$\dfrac{15}{11}=1.3636\cdots=1.\dot{3}\dot{6}$，$\dfrac{115}{333}=0.345345\cdots=0.\dot{3}4\dot{5}$

例9 (1) $\dfrac{25}{11}$ を循環小数で表せ。

(2) $2.\dot{1}\dot{5}$ を分数で表せ。

解

(1) $\dfrac{25}{11}=2.2727\cdots$

$=\mathbf{2.\dot{2}\dot{7}}$

```
      2.272…
11 ) 25
     22
      30
      22
       80
       77
        30
        22
         8
          …
```

↑同じ余りが現れ，くり返しになる

(2) $x=2.1515\cdots$　…①

とおくと，

$100x=215.1515\cdots$　…②

↑小数部分が同じになるように 100 倍する

②－①より

$99x=213$

$x=\dfrac{213}{99}=\mathbf{\dfrac{71}{33}}$

問9 (1) $\dfrac{14}{9}$ を循環小数で表せ。

(2) $3.\dot{3}\dot{6}$ を分数で表せ。

解

(1)

(2)

練習10 次の分数は循環小数で，循環小数は分数で表せ。

(1) $\dfrac{8}{33}$

(2) $\dfrac{6}{55}$

(3) $0.\dot{6}\dot{3}$

(4) $0.\dot{3}2\dot{4}$

10 絶対値

! 絶対値

① 数直線上で，原点 O から a を表す点までの距離を a の絶対値といい，$|a|$ と表す。

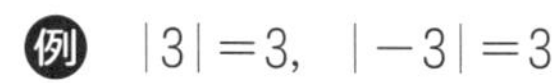

例　$|3|=3$，$|-3|=3$

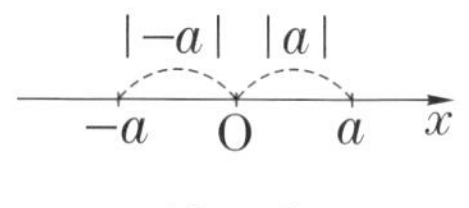

② $|a|=\begin{cases} a & (a\geqq 0 \text{ のとき}) \\ -a & (a<0 \text{ のとき}) \end{cases}$　← $|-3|=-(-3)=3$ と考える

③ 2 点 A(a)，B(b) の距離 AB は，$\mathrm{AB}=|b-a|$

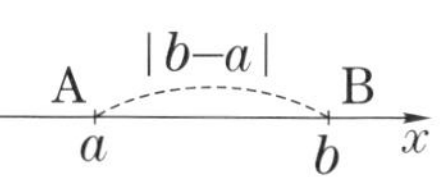

例 10 (1) A(2)，B(−4) のとき，2 点間の距離 AB を求めよ。

(2) 次の等式を満たす x の値を求めよ。

(i) $|x|=3$　(ii) $|x-1|=2$

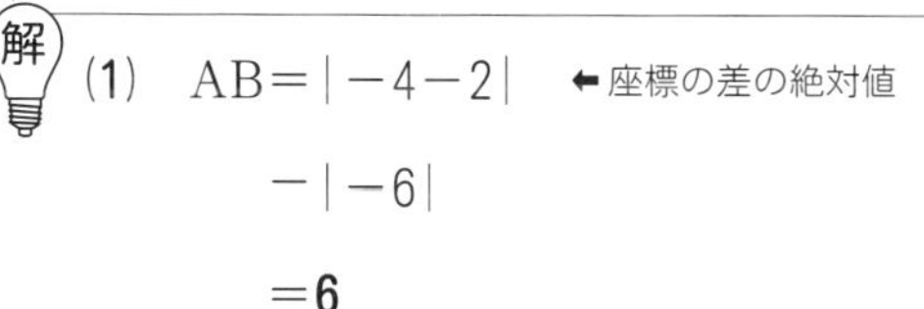

解 (1) $\mathrm{AB}=|-4-2|$　← 座標の差の絶対値

$=|-6|$

$=6$

($\mathrm{AB}=|2-(-4)|=|6|=6$ でもよい)

(2) (i) $x=\pm 3$　← 原点からの距離が 3

(ii) $x-1=X$ とおくと，$|X|=2$

よって，$X=\pm 2$

$x-1=\pm 2$　← X をもとにもどす

$x=\pm 2+1$　← $2+1$ と $-2+1$ を計算する

したがって，$x=3,\ -1$

問 10 (1) A(1)，B(−2) のとき，2 点間の距離 AB を求めよ。

(2) 次の等式を満たす x の値を求めよ。

(i) $|x|=4$　(ii) $|x+2|=3$

解 (1) $\mathrm{AB}=$

(2) (i) $x=$

(ii)

練習11 (1) 次の 2 点間の距離を求めよ。

(i) A(−2)，B(3)　(ii) A(−2)，B(−5)

(2) 次の等式を満たす x の値を求めよ。

(i) $|x+3|=1$　(ii) $|2x-1|=5$

11 平方根の計算

平方根の性質，分母の有理化

① $\sqrt{a^2}=|a|$

② $a>0$，$b>0$，$k>0$ のとき，

$$\sqrt{a}\sqrt{b}=\sqrt{ab},\ \frac{\sqrt{a}}{\sqrt{b}}=\sqrt{\frac{a}{b}},\ \sqrt{k^2a}=k\sqrt{a}$$

③ 分母に$\sqrt{\ \ }$がある式を，分母に$\sqrt{\ \ }$がない形にすることを，**分母の有理化**という。

例11 (1)　次の式を計算せよ。

(i)　$\sqrt{12}-\sqrt{27}+\sqrt{48}$

(ii)　$(4+\sqrt{2})(1-2\sqrt{2})$

(2)　次の式の分母を有理化せよ。

(i)　$\dfrac{1}{\sqrt{8}}$　　(ii)　$\dfrac{\sqrt{2}}{\sqrt{5}-\sqrt{3}}$

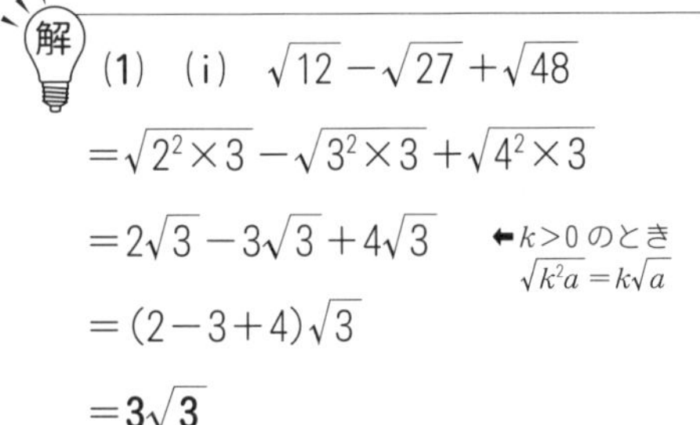

解 (1)　(i)　$\sqrt{12}-\sqrt{27}+\sqrt{48}$

$=\sqrt{2^2\times3}-\sqrt{3^2\times3}+\sqrt{4^2\times3}$

$=2\sqrt{3}-3\sqrt{3}+4\sqrt{3}$　←$k>0$ のとき $\sqrt{k^2a}=k\sqrt{a}$

$=(2-3+4)\sqrt{3}$

$=\mathbf{3\sqrt{3}}$

(ii)　$(4+\sqrt{2})(1-2\sqrt{2})$　←展開する

$=4-8\sqrt{2}+\sqrt{2}-2(\sqrt{2})^2$

$=4-7\sqrt{2}-4$

$=\mathbf{-7\sqrt{2}}$

(2)　(i)　$\dfrac{1}{\sqrt{8}}=\dfrac{1}{2\sqrt{2}}=\dfrac{1\times\sqrt{2}}{2\sqrt{2}\times\sqrt{2}}=\mathbf{\dfrac{\sqrt{2}}{4}}$

（分母の$\sqrt{2}$を消すために，分母・分子に$\sqrt{2}$を掛ける）

(ii)　$\dfrac{\sqrt{2}}{\sqrt{5}-\sqrt{3}}$　←分母・分子に$\sqrt{5}+\sqrt{3}$を掛ける

$=\dfrac{\sqrt{2}(\sqrt{5}+\sqrt{3})}{(\sqrt{5}-\sqrt{3})(\sqrt{5}+\sqrt{3})}$

$=\dfrac{\sqrt{10}+\sqrt{6}}{5-3}=\mathbf{\dfrac{\sqrt{10}+\sqrt{6}}{2}}$

（$\sqrt{5}-\sqrt{3}$ を分母・分子に掛けると，分母は $(\sqrt{5}-\sqrt{3})^2=8-2\sqrt{15}$ で $\sqrt{15}$ が残ってしまう）

問11 (1)　次の式を計算せよ。

(i)　$2\sqrt{18}+\sqrt{32}-3\sqrt{8}$

(ii)　$(\sqrt{5}-\sqrt{2})^2$

(2)　次の式の分母を有理化せよ。

(i)　$\dfrac{\sqrt{3}-1}{\sqrt{2}}$　　(ii)　$\dfrac{\sqrt{3}}{2+\sqrt{3}}$

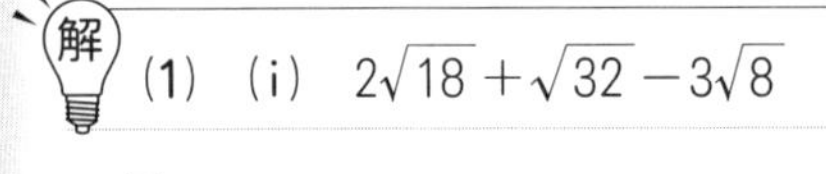

解 (1)　(i)　$2\sqrt{18}+\sqrt{32}-3\sqrt{8}$

$=$

(ii)　$(\sqrt{5}-\sqrt{2})^2$

$=$

(2)　(i)　$\dfrac{\sqrt{3}-1}{\sqrt{2}}=$

(ii)　$\dfrac{\sqrt{3}}{2+\sqrt{3}}=$

練習12 次の式を計算せよ。

(1) $\sqrt{20}-\sqrt{80}+\sqrt{45}$

=

(2) $\sqrt{3}(\sqrt{2}+2\sqrt{3}-\sqrt{6})$

=

(3) $(\sqrt{5}+2)^2$

=

(4) $(\sqrt{3}-1)(2\sqrt{2}-\sqrt{6})$

=

練習13 次の式の分母を有理化せよ。

(1) $\dfrac{6}{\sqrt{12}}$

=

(2) $\dfrac{\sqrt{6}-3}{\sqrt{2}}$

=

(3) $\dfrac{\sqrt{5}+\sqrt{3}}{\sqrt{5}-\sqrt{3}}$

=

(4) $\dfrac{3-\sqrt{2}}{\sqrt{2}+1}$

=

練習14 次の値を求めよ。

(1) $\sqrt{(-2)^2}$

=

(2) $\sqrt{(1-\sqrt{3})^2}$

=

12　1次不等式

不等式の性質

① $a<b$ ならば，$a+c<b+c$，$a-c<b-c$

② $c>0$ のとき，$a<b$ ならば，$ac<bc$，$\dfrac{a}{c}<\dfrac{b}{c}$

$c<0$ のとき，$a<b$ ならば，$ac>bc$，$\dfrac{a}{c}>\dfrac{b}{c}$

例12 次の不等式を解け。

(1)　$3x+2>x-4$

(2)　$\dfrac{x+1}{3}\leqq x-1$

解 (1)　$3x+2>x-4$　←1次方程式と同じように未知数と定数に分ける

$3x-x>-4-2$

$2x>-6$

$x>-3$　←正の数2で割るので不等号の向きは変わらない

(2)　$\dfrac{x+1}{3}\leqq x-1$

両辺に3を掛けて，　←正の数3を掛けるので不等号の向きは変わらない

$x+1\leqq 3x-3$

$-2x\leqq -4$　←負の数−2で割るので不等号の向きが変わる

$x\geqq 2$

問12 次の不等式を解け。

(1)　$5x-3\leqq x+5$

(2)　$\dfrac{x-4}{2}<2x+1$

解 (1)　$5x-3\leqq x+5$

(2)　$\dfrac{x-4}{2}<2x+1$

練習15 次の方程式を解け。

(1)　$3x-2\geqq x+4$

(2)　$2(x-1)>3x-1$

(3)　$-x+1<\dfrac{x-4}{2}$

(4)　$\dfrac{x-1}{3}\leqq\dfrac{2x-1}{4}$

13 連立不等式

連立不等式

① x の不等式が 2 つ以上あるとき，すべての不等式を満たす x の範囲を求める。

② 不等式 $A<B<C$ は，連立不等式 $\begin{cases} A<B \\ B<C \end{cases}$ を解く。

例13 次の連立不等式を解け。

(1) $\begin{cases} 2x+5\leqq 9 \\ 4x+2>x-1 \end{cases}$

(2) $3x<2x-3<5$

(1) $2x+5\leqq 9$ より，$2x\leqq 4$

$x\leqq 2$　…①

$4x+2>x-1$ より，$3x>-3$

$x>-1$　…②

①，②より，

$-1<x\leqq 2$

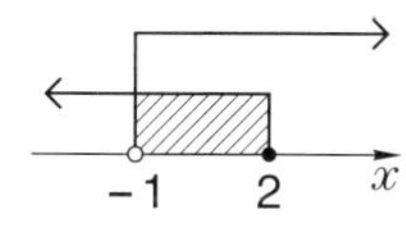

(2) 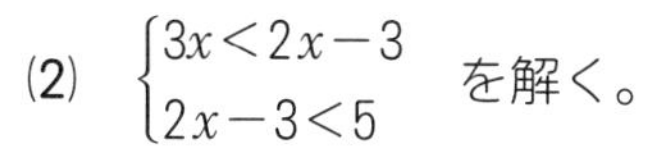 $\begin{cases} 3x<2x-3 \\ 2x-3<5 \end{cases}$ を解く。

$3x<2x-3$　より，$x<-3$　…①

$2x-3<5$　より，

$2x<8$

 $x<4$　…②

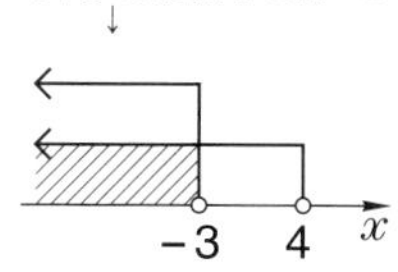

①，②より，**$x<-3$**

問13 次の連立不等式を解け。

(1) $\begin{cases} 3x+5<8 \\ x+1\leqq -x-5 \end{cases}$

(2) $2<3x-1<5$

(1)

(2)

練習16 次の連立不等式を解け。

(1) $\begin{cases} 3x-2\leqq x+6 \\ 3(2-x)>10+x \end{cases}$

(2) $x-1\leqq 3x<1-2x$

第1章 数と式

14 1次不等式の応用 (1)

絶対値を含む不等式

$k>0$ のとき，$|x|<k$ の解は，$-k<x<k$　← 原点からの距離が k より小さい範囲

$|x|>k$ の解は，$x<-k$，$k<x$　← 原点からの距離が k より大きい範囲

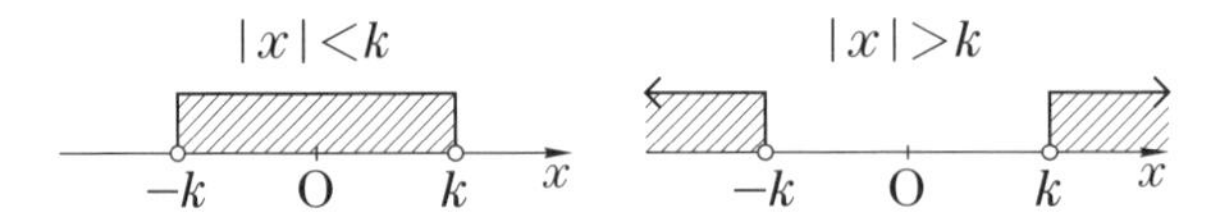

例14 次の不等式を解け。

(1)　$|x|<2$　　(2)　$|x-1|\geqq 3$

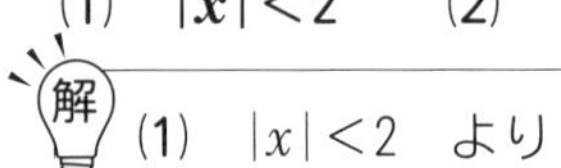

(1)　$|x|<2$　より

$-2<x<2$

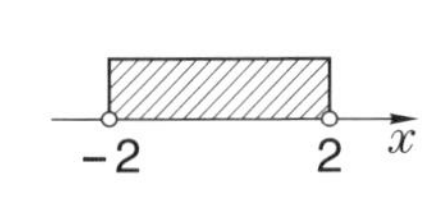

(2)　$x-1=X$ とおくと，

$|X|\geqq 3$

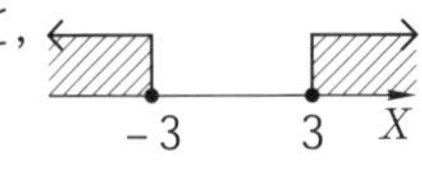

よって，$X\leqq -3$，$3\leqq X$

$x-1\leqq -3$，$3\leqq x-1$

$x\leqq -2$，$4\leqq x$

問14 次の不等式を解け。

(1)　$|x|\geqq 1$　　(2)　$|x+2|<4$

(1)

(2)

練習17 次の不等式を解け。

(1)　$|x|\leqq 5$

(2)　$|x+1|>2$

(3)　$|2x+1|\geqq 3$

(4)　$|2-2x|<1$

15 1次不等式の応用 (2)

文章題

① 求める数を x とおいて，不等式をつくる。
② x の条件に注意して，求める範囲を調べる。

例15 1個100円のリンゴと1個60円のミカンを合わせて20個買い，代金を1500円以内にしたい。リンゴは最大何個まで買えるか。

解 リンゴを x 個買うとすると，ミカンは $(20-x)$ 個買うことになる。このとき，代金は1500円以下にしたいから，

$100x+60(20-x)\leqq 1500$ ←代金について不等式をつくる

$40x\leqq 300$

$x\leqq 7.5$

x は整数であるから，リンゴは **7個**まで買える。
↑x についての条件

問15 1個300円のケーキと1個200円のプリンを合わせて10個買い，代金を2800円以内にしたい。ケーキをできるだけ多く買うには，何個買えばよいか。

解

練習18 (1) ある数 x に2を加えて3倍すると24より大きくなる。また，8からある数 x を引き，それを2倍すると2より大きくなる。x はどんな範囲の数か。

(2) ある店の1個400円のケーキは30個以上であれば，割引で1個350円になる。30個に満たなくても，30個として割引を利用して購入した方が得になるのは何個以上か。

16 集　合

❗ 集合

① 「6の正の約数の集まり」のように，ある定まった条件を満たすものの集まりを**集合**といい，その中の1つ1つのものを**要素**という。

② a が集合 A の要素であるとき，$\boldsymbol{a}$ **は** $\boldsymbol{A}$ **に属する**といい，$\boldsymbol{a \in A}$ と表す。また，a が集合 A の要素ではないとき，$\boldsymbol{a \notin A}$ と表す。

③ **集合の表し方**

（i）**要素を書き並べて表す方法**　（ii）**要素が満たす条件を用いて表す方法**

㊕ 1から6までの自然数の集合 $A=\{1,\ 2,\ 3,\ 4,\ 5,\ 6\}$ ⬅（i）

$=\{x \mid x$ は自然数，$1 \leqq x \leqq 6\}$ ⬅（ii）

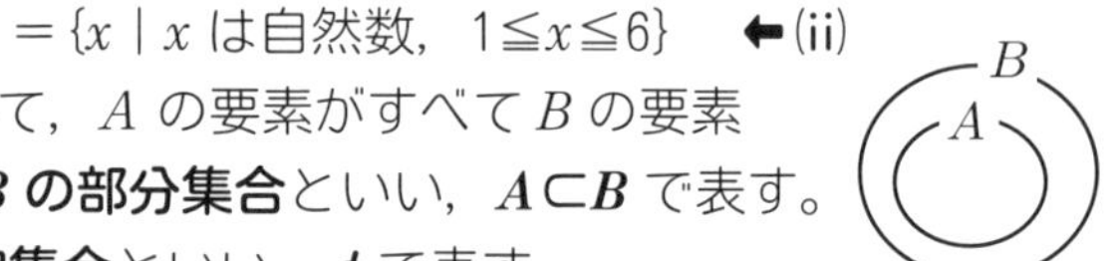

④ **部分集合**…2つの集合 A，B について，A の要素がすべて B の要素となっているとき，$\boldsymbol{A}$ **は** $\boldsymbol{B}$ **の部分集合**といい，$\boldsymbol{A \subset B}$ で表す。

⑤ **空 集 合**…要素が全くない集合を**空集合**といい，$\boldsymbol{\phi}$ で表す。

⑥ **全体集合**…あらかじめ1つの集合 U を定めて，その要素や部分集合を考えるとき，$\boldsymbol{U}$ を**全体集合**という。

例16 (1)　18の正の約数の集合を $\boldsymbol{A}$ とする。次の □ に∈か∉を入れよ。

（i）6 □ $\boldsymbol{A}$　（ii）12 □ $\boldsymbol{A}$

(2)　$\boldsymbol{A}=\{2,\ 4,\ 6,\ 8\}$，

$\boldsymbol{B}=\{\boldsymbol{n} \mid \boldsymbol{n}$ は24の正の約数$\}$とする。次の □ に⊂か⊃を入れよ。

（i）$\boldsymbol{A}$ □ $\boldsymbol{B}$　（ii）$\boldsymbol{A}$ □ $\boldsymbol{\phi}$

解 (1)　$A=\{1,\ 2,\ 3,\ 6,\ 9,\ 18\}$ より，

（i）$6 \in A$　（ii）$12 \notin A$　⬅12は A の要素でない

(2)　$B=\{1,\ 2,\ 3,\ 4,\ 6,\ 8,\ 12,\ 24\}$ より，

（i）$A \subset B$　（ii）$A \supset \phi$　⬅ ϕ はすべての集合の部分集合

問16 (1)　10の正の約数の集合を $\boldsymbol{A}$ とする。次の □ に∈か∉を入れよ。

（i）1 □ $\boldsymbol{A}$　（ii）4 □ $\boldsymbol{A}$

(2)　$\boldsymbol{A}=\{2,\ 3,\ 4,\ 6,\ 12\}$，

$\boldsymbol{B}=\{\boldsymbol{n} \mid \boldsymbol{n}$ は12の正の約数$\}$とする。次の □ に⊂か⊃を入れよ。

$\boldsymbol{A}$ □ $\boldsymbol{B}$

解 (1)

(2)

練習19 ▶ $\boldsymbol{A}=\{2,\ 4,\ 8\}$，$\boldsymbol{B}=\{\boldsymbol{n} \mid \boldsymbol{n}$ は8の正の約数$\}$，$\boldsymbol{C}=\{2^k \mid \boldsymbol{k}$ は自然数，$1 \leqq \boldsymbol{k} \leqq 3\}$，$\boldsymbol{D}=\{\boldsymbol{n} \mid \boldsymbol{n}$ は16の正の約数$\}$のとき，次の □ に，⊂，⊃，＝のいずれかを入れよ。

(1)　$\boldsymbol{A}$ □ $\boldsymbol{B}$　(2)　$\boldsymbol{B}$ □ $\boldsymbol{C}$　(3)　$\boldsymbol{C}$ □ $\boldsymbol{D}$　(4)　$\boldsymbol{A}$ □ $\boldsymbol{C}$　(5)　$\boldsymbol{B}$ □ $\boldsymbol{D}$

練習20 ▶ $\{1,\ 2\}$ の部分集合は，ϕ，$\{1\}$，$\{2\}$，$\{1,\ 2\}$ の4つである。これをヒントにして，$\{1,\ 2,\ 3\}$ の部分集合をすべて求めよ。

17 共通部分，和集合，補集合

共通部分，和集合，補集合，ド・モルガンの法則

集合 A，B は全体集合 U の部分集合とする。

① A と B に共通な要素の集合を **A と B の共通部分**といい，$A\cap B$ と表す。

② A と B の少なくとも一方に属する要素の集合を **A と B の和集合**といい，$A\cup B$ と表す。

③ A に属さない要素の集合を **A の補集合**といい，$\overline{A}$ と表す。

④ **ド・モルガンの法則**

$\overline{A\cap B}=\overline{A}\cup\overline{B}$，$\overline{A\cup B}=\overline{A}\cap\overline{B}$　（右図）

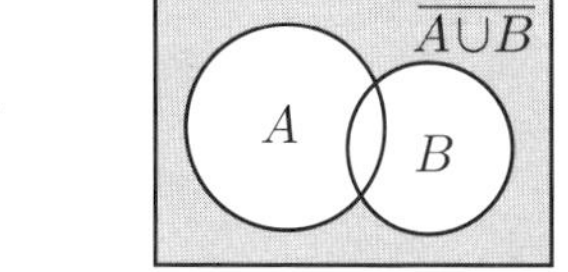

例17 全体集合 $U=\{1,\ 2,\ 3,\ 4\}$ の2つの部分集合

$A=\{1,\ 2\}$，$B=\{2,\ 3\}$

について，次の集合を求めよ。

(1) $A\cap B$　　(2) $A\cup B$

(3) $\overline{A}$　　(4) $\overline{A}\cap\overline{B}$

(1) $A\cap B=\{2\}$　←A と B に共通な要素

(2) $A\cup B=\{1,\ 2,\ 3\}$　←A，B の要素を合わせたもの

(3) $\overline{A}=\{3,\ 4\}$　←A に属さない要素

(4) $\overline{A}\cap\overline{B}=\overline{A\cup B}=\{4\}$　←ド・モルガンの法則

問17 全体集合 $U=\{a,\ b,\ c,\ d\}$ の2つの部分集合

$A=\{a,\ b,\ c\}$，$B=\{b,\ c,\ d\}$

について，次の集合を求めよ。

(1) $A\cup B$　　(2) $A\cap B$

(3) $\overline{B}$　　(4) $\overline{A}\cup\overline{B}$

(1) $A\cup B=$

(2) $A\cap B=$

(3) $\overline{B}=$

(4) $\overline{A}\cup\overline{B}=$

練習21 全体集合 $U=\{1,\ 2,\ 3,\ 4,\ 5\}$ の部分集合 $A=\{1,\ 2,\ 3\}$，$B=\{3,\ 4,\ 5\}$，$C=\{2,\ 4\}$ について，次の集合を求めよ。

(1) $A\cup C$

(2) $B\cap C$

(3) $\overline{A}\cap B$

(4) $A\cup\overline{B}$

(5) $(A\cup C)\cap B$

(6) $(A\cap B)\cup(B\cap C)$

18 命題

命題と条件，否定

① 「1+1=2」,「3は偶数である」のように，正しいか正しくないかが判定できる文や式を**命題**という。命題が正しいときは**真**，正しくないときは**偽**であるという。

② 「$x>0$」のように，変数 x の値で真か偽かが決まる文や式を x に関する**条件**という。

③ 命題「p ならば q」を $\boldsymbol{p \Longrightarrow q}$ と表す。（p は**仮定**，q は**結論**という）これが偽であることを示すには，p を満たすが q を満たさない要素（**反例**という）を1つあげる。

④ 全体集合を U とする命題 $p \Longrightarrow q$ において，条件 p，q を満たす集合をそれぞれ P，Q とすると，

　　$\boldsymbol{p \Longrightarrow q}$ **が真**　と　$\boldsymbol{P \subset Q}$　は同じである

⑤ 条件 p に対して「p でない」を **p の否定**といい，$\overline{p}$ で表す。

　　$\overline{p \text{ かつ } q} \Longleftrightarrow \overline{p}$ または $\overline{q}$，　$\overline{p \text{ または } q} \Longleftrightarrow \overline{p}$ かつ $\overline{q}$

例18 (1) 次の命題の真偽を調べよ。

(i) 実数 x について，

　$x \geqq 2 \Longrightarrow x \geqq 1$

(ii) 3の倍数は6の倍数である。

(2) 次の条件の否定を述べよ。

(i) $x<3$

(ii) $x<-2$ または $1 \leqq x$

(1) (i) 真

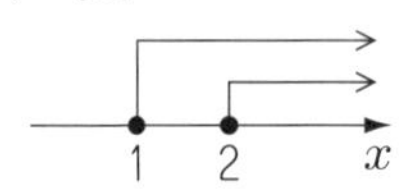

($x \geqq 2$ を満たす実数はすべて $x \geqq 1$ を満たす)

(ii) 偽（反例：9）　←3の倍数であるが6の倍数でない

(2) (i) $x \geqq 3$

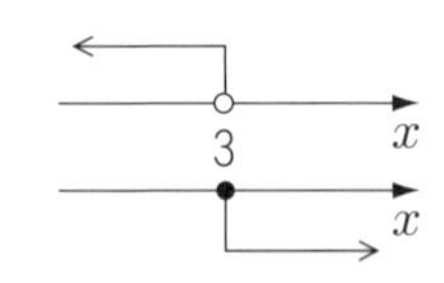

($x<3$ でない x の範囲)

(ii) $\overline{x<-2 \text{ または } 1 \leqq x}$　←⑤

$\Longleftrightarrow \overline{x<-2}$ かつ $\overline{1 \leqq x}$

$\Longleftrightarrow x \geqq -2$ かつ $1>x$　←$x>-2$ かつ $1 \geqq x$ ではないので注意！

よって，$-2 \leqq x<1$

問18 (1) 次の命題の真偽を調べよ。

(i) 実数 x について，

　$x<-1 \Longrightarrow x<-2$

(ii) 4の倍数は偶数である。

(2) 次の条件の否定を述べよ。

(i) $x \geqq -1$

(ii) $a=0$ かつ $b=0$

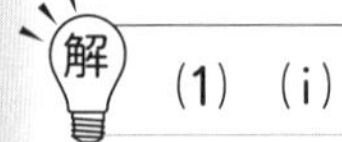

(1) (i)

(ii)

(2) (i)

(ii)

練習22 次の命題の真偽を調べよ。ただし，文字は実数とする。

(1) 72 の正の約数は，18 の正の約数である。

(2) $x=2 \Longrightarrow x^2-x-2=0$

(3) $xy=0 \Longrightarrow x=y=0$

(4) a，b が無理数ならば，$a+b$ も無理数である。

(5) $a>b \Longrightarrow a^2>b^2$

(6) $a>b \Longrightarrow ac>bc$

練習23 次の条件の否定を述べよ。

(1) $-2<x<3$

(2) $x=0$ または $x>2$

19 必要条件・十分条件

！ 必要条件・十分条件，同値

① 命題「$p \Longrightarrow q$」が真であるとき，
p は q であるための十分条件である，
q は p であるための必要条件である
という。

> $p \Longrightarrow q$ が真のとき p は十分条件
> $p \Longleftarrow q$ が真のとき p は必要条件

② 2つの命題「$p \Longrightarrow q$」と「$q \Longrightarrow p$」がともに真であるとき，
p (q) は q (p) であるための必要十分条件である
という。
また，このとき **p と q は同値である**といい，$p \Longleftrightarrow q$ と表す。

例19 次の □ の中には，
「必要条件である」
「十分条件である」
「必要十分条件である」
のうち，最も適するものを入れよ。ただし，文字はすべて実数とする。

(1) $x=1$ は $x^2=1$ であるための □。
(2) $x=3$ は $2x-6=0$ であるための □。
(3) $x \geqq 1$ は $x \geqq 2$ であるための □。

解 (1) $x=1 \ \substack{\longrightarrow \\ \not\longleftarrow}\ x^2=1$ より ← どちらの矢印が正しいかを調べる
（反例：$x=-1$）

$x=1$ は $x^2=1$ であるための**十分条件である。**

(2) $2x-6=0$ の解は $x=3$ であるから，
$x=3 \Longleftrightarrow 2x-6=0$ より
$x=3$ は $2x-6=0$ であるための
必要十分条件である。

(3) （反例：$x=1.5$）← 1.5 は，$x \geqq 1$ を満たすが $x \geqq 2$ は満たさない
$x \geqq 1 \ \substack{\not\longrightarrow \\ \longleftarrow}\ x \geqq 2$ より，
$x \geqq 1$ は $x \geqq 2$ であるための**必要条件である。**

問19 次の □ の中には，
「必要条件である」
「十分条件である」
「必要十分条件である」
のうち，最も適するものを入れよ。ただし，文字はすべて実数とする。

(1) $x^2=9$ は $x=3$ であるための □。
(2) $x=1$ は $x(x-1)=0$ であるための □。
(3) $x^2=0$ は $x=0$ であるための □。

解 (1)

(2)

(3)

練習24 次の □ の中には，「必要条件である」「十分条件である」「必要十分条件である」「必要条件でも十分条件でもない」のうち，最も適するものを入れよ。ただし，文字はすべて実数とする。

(1) $a=1$ かつ $b=1$ は $ab=1$ であるための □。

(2) 四角形において，平行四辺形であることは正方形であるための □。

(3) $ma=mb$ は $a=b$ であるための □。

(4) 三角形において，正三角形であることは二等辺三角形であるための □。

(5) $a>b$ は $a^2>b^2$ であるための □。

(6) $\dfrac{a^2+b^2}{2}=ab$ は $a=b$ であるための □。

(7) $x+y=6$ は $x=1$ かつ $y=5$ であるための □。

(8) $x^2+y^2=0$ は $x=y=0$ であるための □。

20 逆，裏，対偶

逆，裏，対偶，対偶による証明

① 命題「$p \Longrightarrow q$」に対して

$q \Longrightarrow p$ を逆，
$\overline{p} \Longrightarrow \overline{q}$ を裏，
$\overline{q} \Longrightarrow \overline{p}$ を対偶

という。

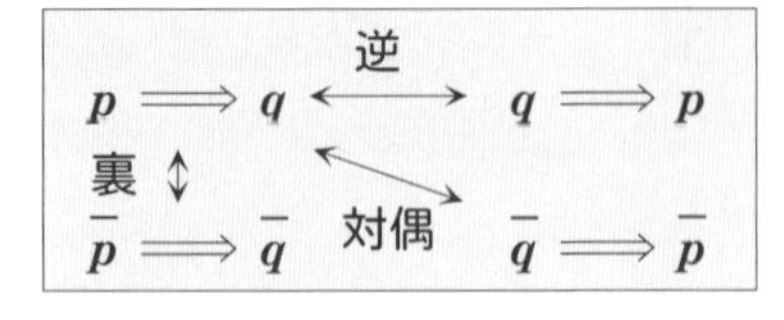

② **ある命題とその対偶は真偽が一致する**ので，対偶を証明してもよい。

例20 (1) 次の命題の逆，裏，対偶をつくり，それらの真偽を調べよ。

$x<0 \Longrightarrow x<2$

(2) 次の命題を証明せよ。
整数 n について
n^2 が偶数ならば n は偶数である。(＊)

(1) 逆：$x<2 \Longrightarrow x<0$　偽
（反例：$x=1$）

裏：$x \geqq 0 \Longrightarrow x \geqq 2$　偽
（反例：$x=1$）

対偶：$x \geqq 2 \Longrightarrow x \geqq 0$　真

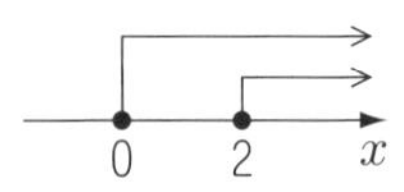

(2) 対偶：n が奇数ならば n^2 は奇数である，を証明する。

n が奇数のとき，

$n=2k+1$（k は整数）

とおけるから，

$n^2=(2k+1)^2$
$=4k^2+4k+1$
$=2(2k^2+2k)+1$ ← $2k^2+2k$ も整数だから，2×整数＋1となり奇数

よって，n^2 は奇数

ゆえに，対偶が証明されたので，(＊)は成り立つ。

問20 (1) 次の命題の逆，裏，対偶をつくり，それらの真偽を調べよ。

$x=3 \Longrightarrow x^2=9$

(2) 次の命題を証明せよ。
整数 n について
n^2 が奇数ならば n は奇数である。(＊)

(1)

(2)

練習25 次の命題の逆，裏，対偶をつくり，それらの真偽を調べよ。

(1) $|x|>2 \Longrightarrow x>2$

(2) $xy=0 \Longrightarrow x=0$

(3) $x \fallingdotseq 1$ または $y \fallingdotseq 2 \Longrightarrow x+y \fallingdotseq 3$

(4) $x+y \leqq 2 \Longrightarrow x \leqq 1$ または $y \leqq 1$

練習26 次の命題を証明せよ。

(1) $xy<1$ ならば $x<1$ または $y<1$

(2) 整数 n について，n^2 が 3 の倍数ならば n は 3 の倍数

21 背理法

背理法

ある命題を証明するために，結論が正しくないと仮定して，そこから矛盾を導き，したがって結論は正しい，とする。この証明法を**背理法**という。

例21 $1+\sqrt{3}$ は無理数であることを背理法を用いて証明せよ。ただし，$\sqrt{3}$ は無理数であることを用いてよい。

解　$1+\sqrt{3}$ が有理数 a であるとすると，
↑結論を否定して矛盾を導く（背理法）

$1+\sqrt{3}=a$ より

$\sqrt{3}=a-1$　←（根号）=（その他）の形にする

よって，左辺は無理数，右辺は有理数となり矛盾する。

ゆえに，$1+\sqrt{3}$ は無理数である。

問21 $2-\sqrt{2}$ は無理数であることを背理法を用いて証明せよ。ただし，$\sqrt{2}$ は無理数であることを用いてよい。

解

練習27 次の命題を背理法を用いて証明せよ。

(1) a が有理数，b が無理数であるとき，$a+b$ は無理数である。

(2) $\sqrt{2}+\sqrt{3}$ は無理数である。ただし，$\sqrt{6}$ は無理数であることを用いてよい。

22 関数

関数と定義域・値域，関数の値

① 2つの変数 x，y があって，x の値を決めると y の値がただ1つ定まるとき，**y は x の関数である**という。

② 変数 x のとる値の範囲を**定義域**，変数 y のとる値の範囲を**値域**という。

③ y が x の関数であることを $\boldsymbol{y=f(x)}$，$x=a$ に対応する y の値を $\boldsymbol{f(a)}$ と表す。

例22 (1) 関数 $f(x)=2x-3$ について，$f(4)$ の値を求めよ。

(2) 関数 $y=-2x+1$ について，定義域が $-1\leqq x\leqq 2$ であるとき，値域を求めよ。

解

(1) $f(4)$

$=2\times4-3=\mathbf{5}$ ←$f(x)$ の x に4を代入する

(2) $x=-1$ のとき，

$y=-2\times(-1)+1=3$ ←定義域の両端の値を代入

$x=2$ のとき，

$y=-2\times2+1=-3$

であるから，

右図より，値域は

$\boldsymbol{-3\leqq y\leqq 3}$

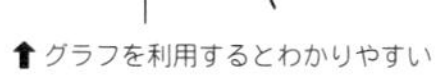

↑グラフを利用するとわかりやすい

問22 (1) 関数 $f(x)=-3x+2$ について，$f(-1)$ の値を求めよ。

(2) 関数 $y=3x-1$ について，定義域が $-2\leqq x\leqq 1$ であるとき，値域を求めよ。

解

(1) $f(-1)$

$=$

(2)

練習28 (1) $f(x)=-2x+4$ のとき，次の値を求めよ。

(i) $f(0)$

(ii) $f\left(\dfrac{1}{2}\right)$

(2) 関数 $y=-3x+5$ について，定義域が次のような範囲のとき，値域を求めよ。

(i) $0\leqq x\leqq 2$

(ii) $-1<x<3$

23 2次関数のグラフ (1)

$y=ax^2$, $y=ax^2+q$, $y=a(x-p)^2$ のグラフ

① $y=ax^2$ のグラフ

$a>0$ のとき　下に凸の放物線

$a<0$ のとき　上に凸の放物線

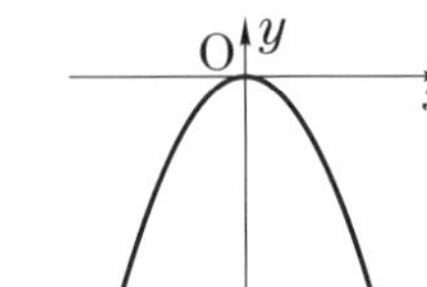

頂点は原点，軸は y 軸

② $y=ax^2+q$ のグラフ

$y=ax^2$ のグラフを，y 軸方向に q だけ平行移動した放物線

頂点 $(0,\ q)$，軸：y 軸

③ $y=a(x-p)^2$ のグラフ

$y=ax^2$ のグラフを，x 軸方向に p だけ平行移動した放物線

頂点 $(p,\ 0)$，軸：直線 $x=p$

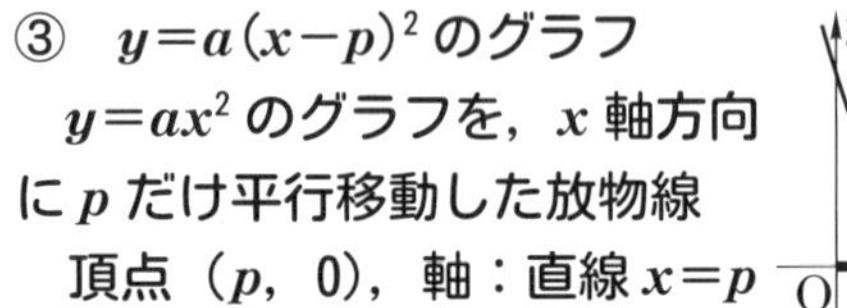

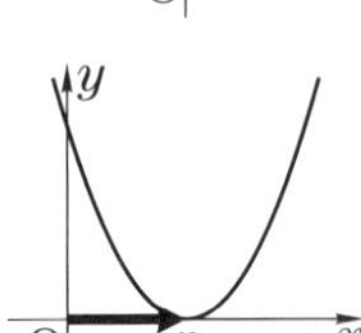

例23 次の2次関数のグラフをかけ。また，頂点と軸を求めよ。

(1) $y=2x^2$

(2) $y=-2x^2+3$

(3) $y=2(x-1)^2$

解

(1) $y=2x^2$

頂点：**原点**

軸　：**y 軸**

$2>0$ より下に凸の放物線

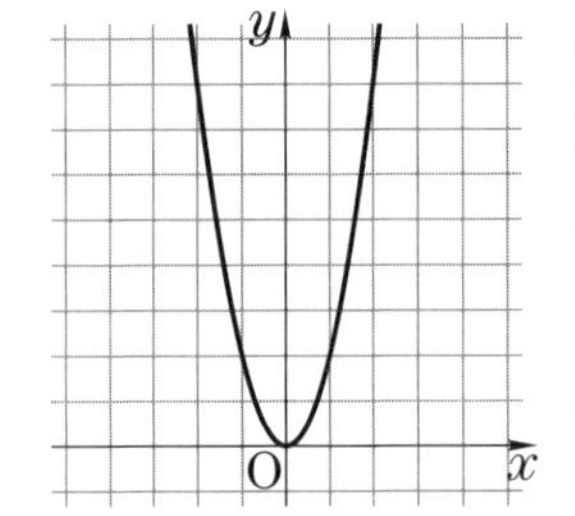

(2) $y=-2x^2+3$

頂点：**点 $(0,\ 3)$**

軸　：**y 軸**

$-2<0$ より上に凸の放物線

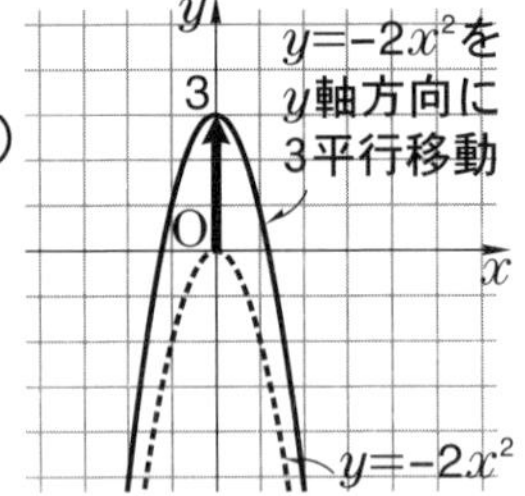

(3) $y=2(x-1)^2$

頂点：**点 $(1,\ 0)$**

軸　：**直線 $x=1$**

注意　頂点を $(-1,\ 0)$ としないこと

$2>0$ より下に凸の放物線

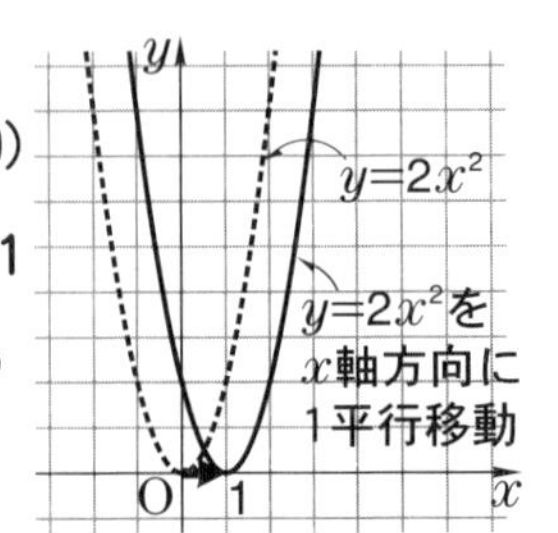

問23 次の2次関数のグラフをかけ。また，頂点と軸を求めよ。

(1) $y=-x^2$

(2) $y=3x^2+2$

(3) $y=(x+2)^2$

解

(1) $y=-x^2$

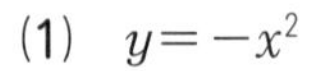

頂点：

軸　：

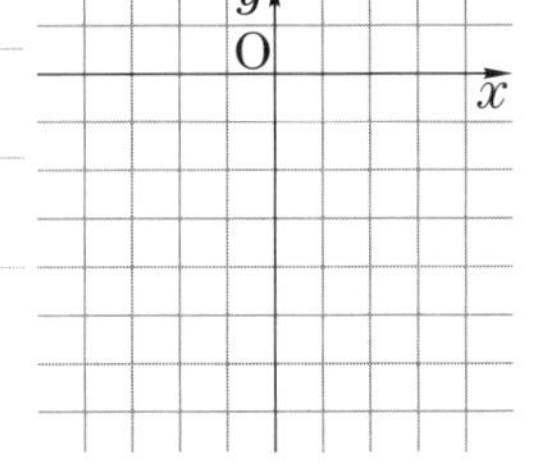

(2) $y=3x^2+2$

頂点：

軸　：

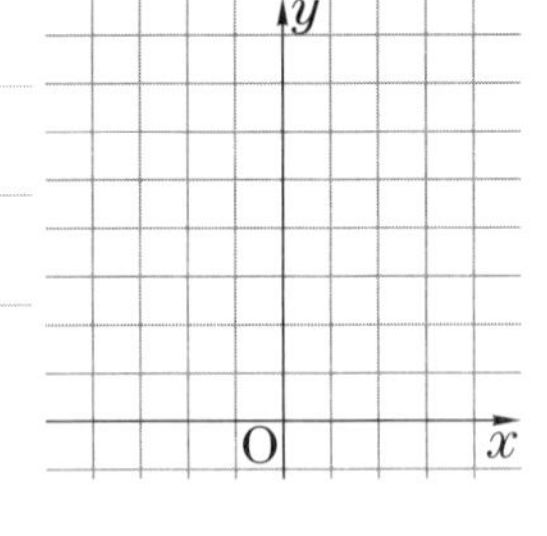

(3) $y=(x+2)^2$

頂点：

軸　：

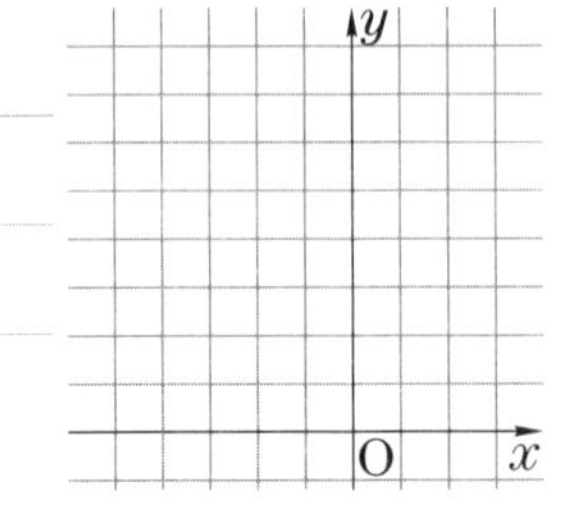

練習29 次の2次関数のグラフをかけ。また，頂点と軸を求めよ。

(1) $y=3x^2$

頂点：

軸　：

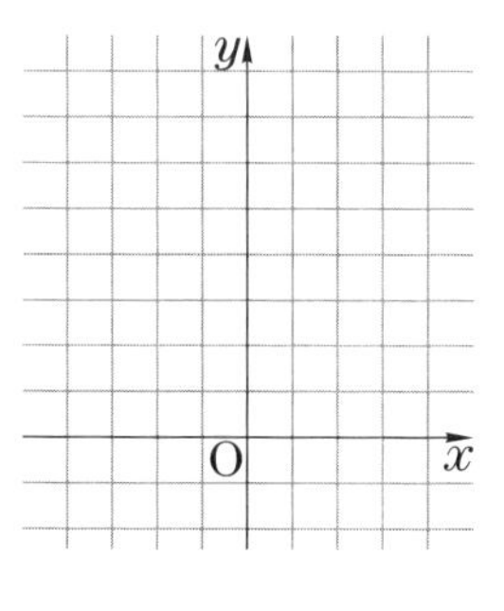

(2) $y=-\frac{1}{2}x^2$

頂点：

軸　：

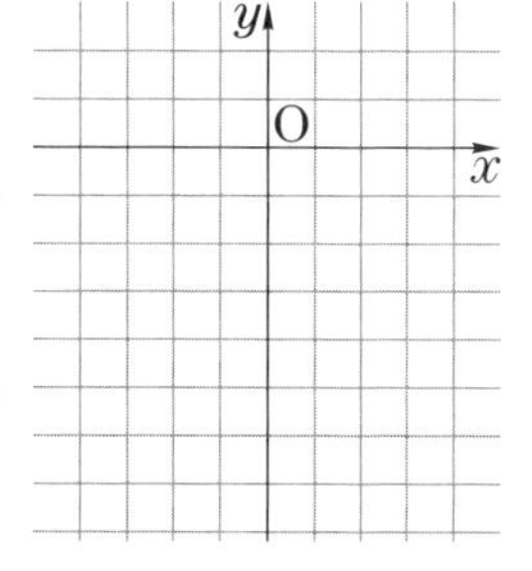

(3) $y=2x^2-3$

頂点：

軸　：

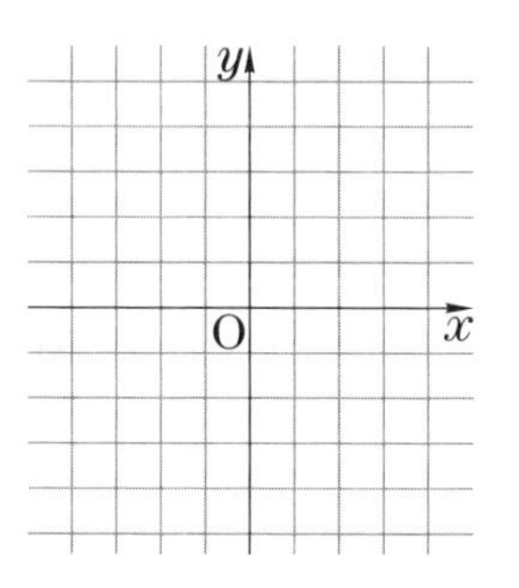

(4) $y=-x^2-1$

頂点：

軸　：

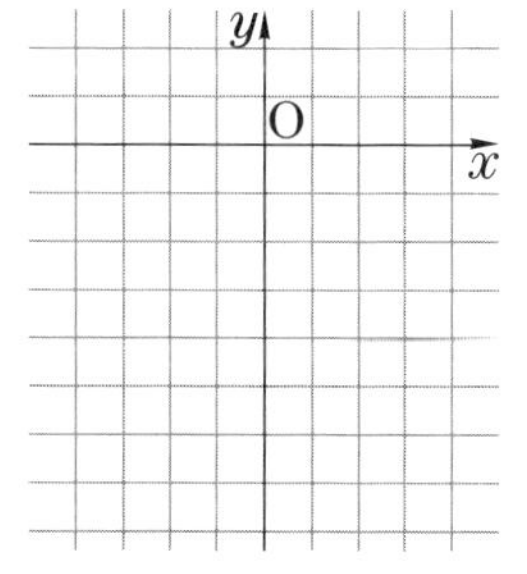

(5) $y=\frac{1}{2}x^2+2$

頂点：

軸　：

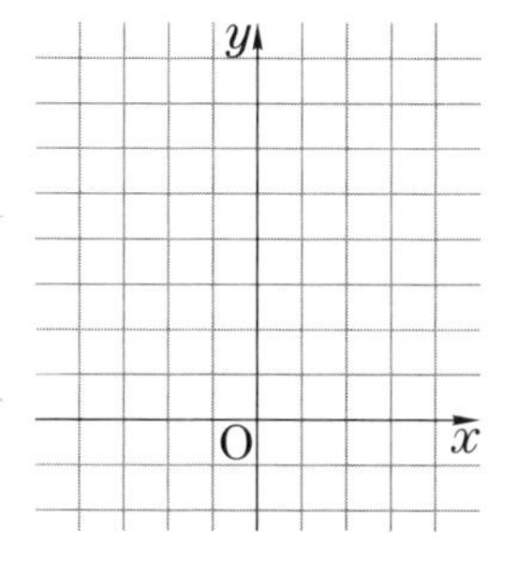

(6) $y=(x-2)^2$

頂点：

軸　：

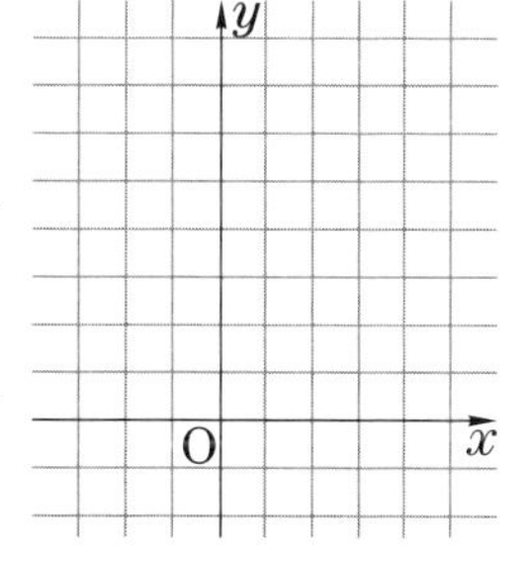

(7) $y=-3(x+1)^2$

頂点：

軸　：

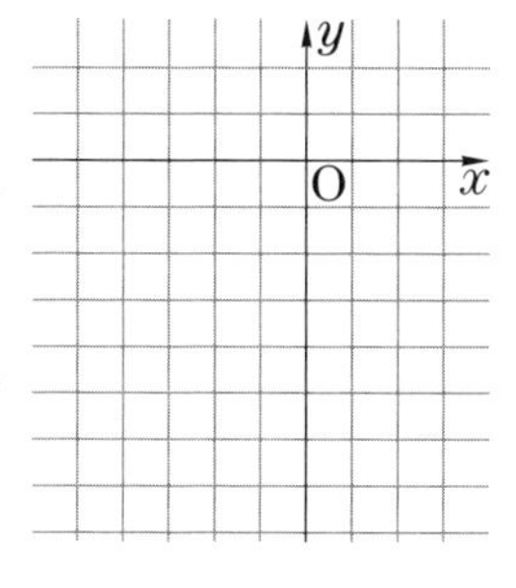

(8) $y=-\frac{1}{2}(x-3)^2$

頂点：

軸　：

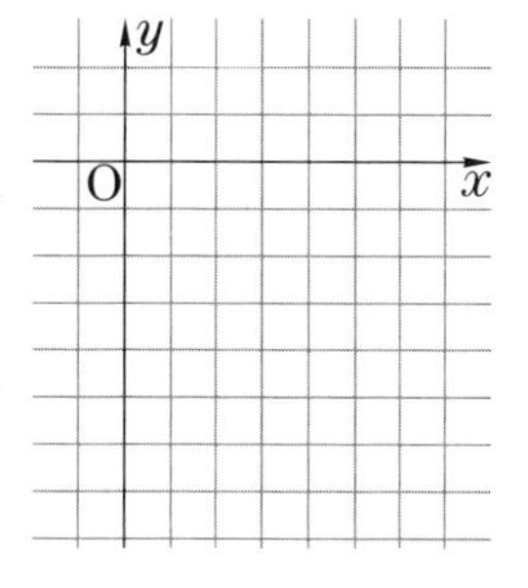

24 2次関数のグラフ（2）

$y=a(x-p)^2+q$，$y=ax^2+bx+c$ のグラフ

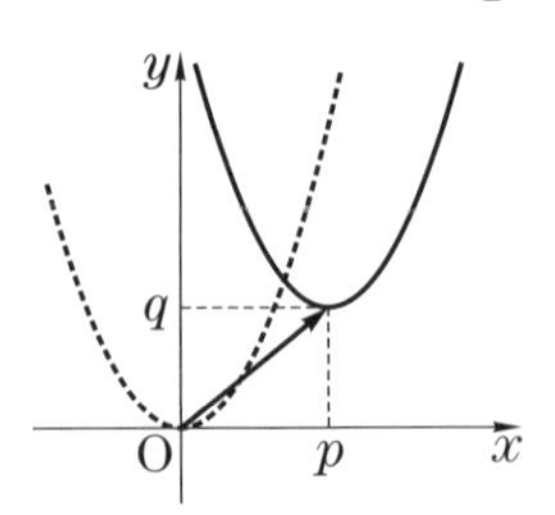

① $y=a(x-p)^2+q$ のグラフ

$y=ax^2$ のグラフを x 軸方向に p，y 軸方向に q だけ平行移動した放物線

頂点（p，q），軸：$x=p$

② $y=ax^2+bx+c$ のグラフ

$y=a(x-p)^2+q$ の形に変形（平方完成という）する。

例24 (1)　次の2次関数のグラフをかけ。また，頂点と軸を求めよ。

$y=3(x-2)^2+1$

(2)　次の2次関数のグラフの頂点の座標を求めよ。

(i)　$y=x^2-6x+8$

(ii)　$y=2x^2-4x+5$

(1)　$y=3(x-2)^2+1$

頂点：**点（2，1）**

軸　：**直線 $x=2$**

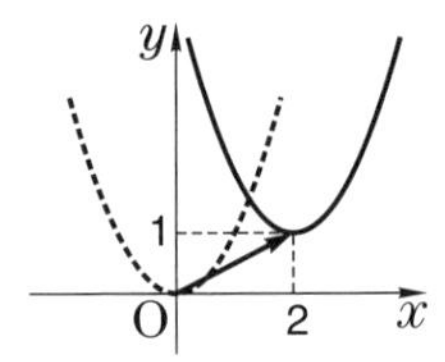

(2)　(i)　$y=x^2-6x+8$

x の係数 $\times\frac{1}{2}$

$=(x-3)^2-9+8$

2乗

ここは，いつもマイナス

$=(x-3)^2-1$

よって，頂点 **(3，−1)**

(ii)　$y=2x^2-4x+5$

$=2(x^2-2x)+5$　←x^2 の係数でくくる

$=2\{(x-1)^2-1\}+5$　←{　}を忘れない　$2(x-1)^2-1+5$ とする誤りに注意

$=2(x-1)^2-2+5$

$=2(x-1)^2+3$

よって，頂点 **(1，3)**

問24 (1)　次の2次関数のグラフをかけ。また，頂点と軸を求めよ。

$y=-2(x+1)^2+3$

(2)　次の2次関数のグラフの頂点の座標を求めよ。

(i)　$y=x^2+4x+1$

(ii)　$y=3x^2-12x-2$

(1)　$y=-2(x+1)^2+3$

頂点：

軸　：

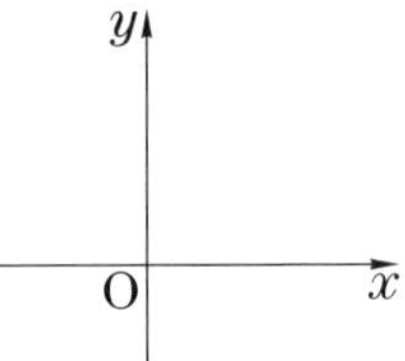

(2)　(i)　$y=x^2+4x+1$

(ii)　$y=3x^2-12x-2$

練習30 次の2次関数のグラフをかけ。また，頂点の座標と軸を求めよ。

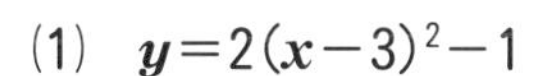

(1) $y=2(x-3)^2-1$

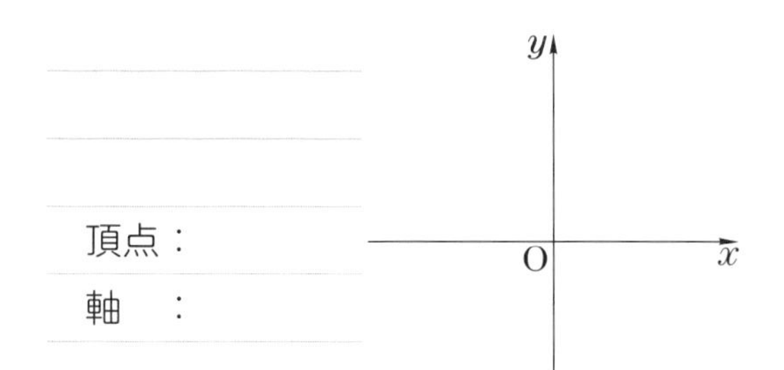

(2) $y=-(x+2)^2+3$

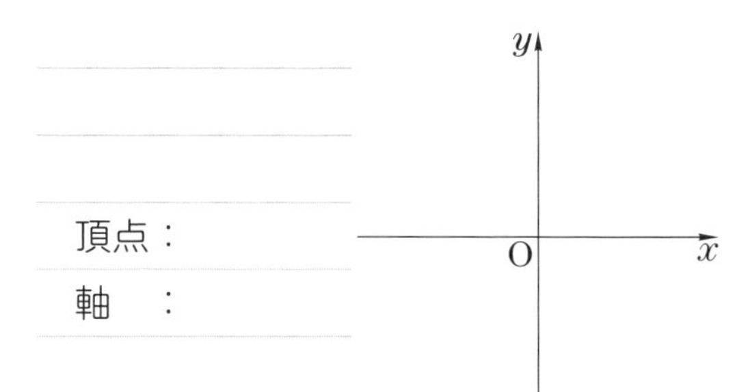

(3) $y=x^2+6x+3$

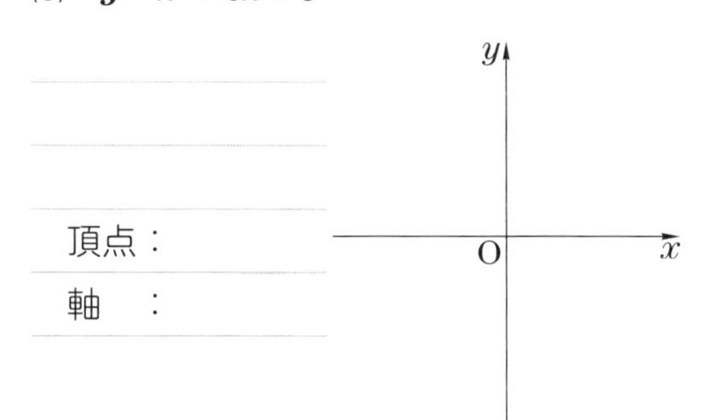

(4) $y=x^2-3x$

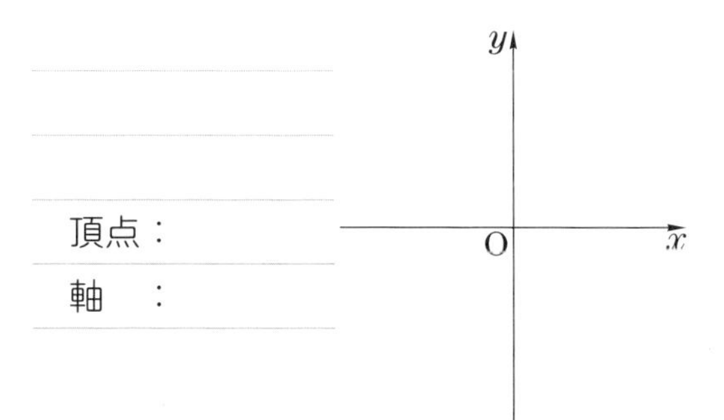

(5) $y=x^2+x+1$

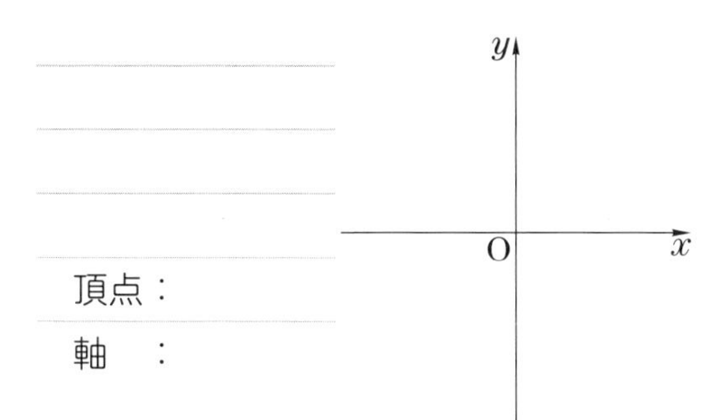

(6) $y=2x^2+4x-1$

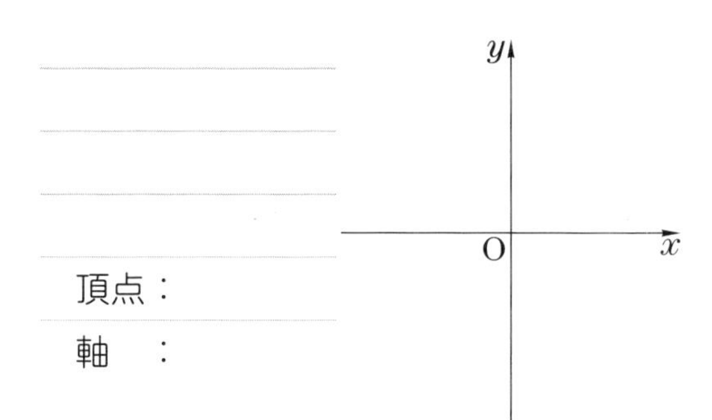

(7) $y=-x^2+6x-4$

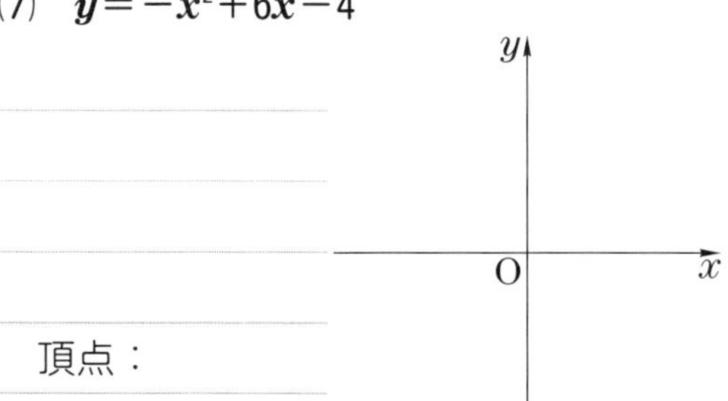

(8) $y=-3x^2+6x-1$

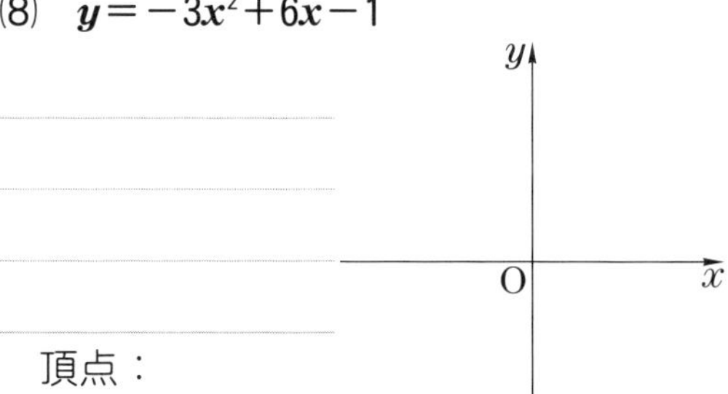

25 2次関数の最大・最小 (1)

⚠ 2次関数の最大値・最小値

① 関数 $y=f(x)$ について，y のとり得る値（値域）のうち，最も大きい値を関数の**最大値**，最も小さい値を関数の**最小値**という。

② **2次関数 $y=a(x-p)^2+q$ の最大値・最小値**

$a>0$ のとき，
最大値　なし，
最小値　q
（$x=p$ のとき）

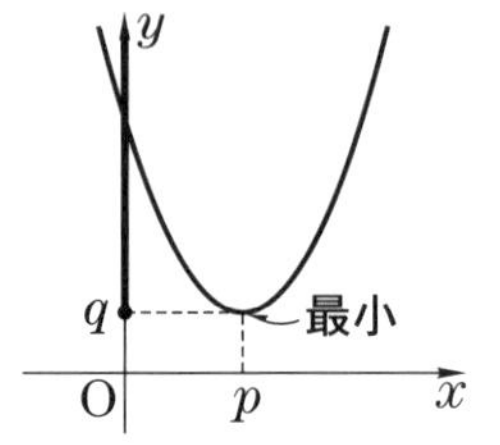

$a<0$ のとき，
最大値　q
（$x=p$ のとき），
最小値　なし

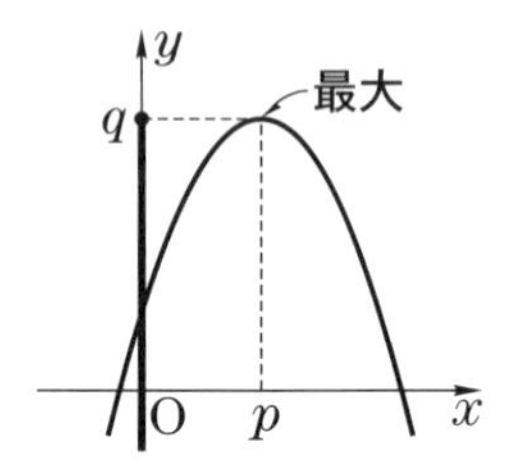

③ **2次関数 $y=ax^2+bx+c$ の最大値・最小値**→右辺を**平方完成**する。

例25 次の2次関数の最大値・最小値を調べよ。

(1) $y=-2(x-1)^2+3$

(2) $y=x^2+4x+5$

(1) グラフは右図のようになるから，

$y \leqq 3$　←y のとり得る値を調べる

よって，$x=1$ で

最大値3 をとる。

最小値はない。

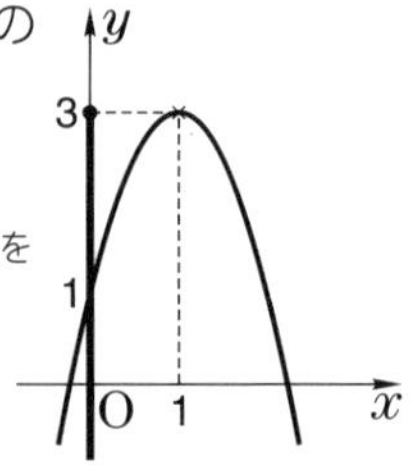

(2) $y=x^2+4x+5$　←平方完成をする

$=(x+2)^2-4+5$

$=(x+2)^2+1$

グラフは右図のようになるから，

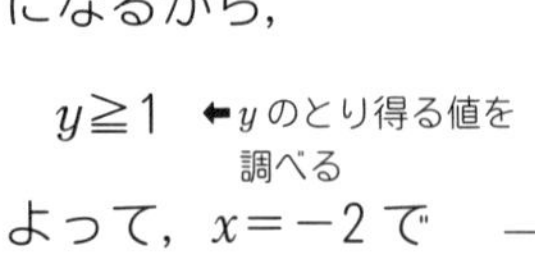

$y \geqq 1$　←y のとり得る値を調べる

よって，$x=-2$ で

最小値1 をとる。

最大値はない。

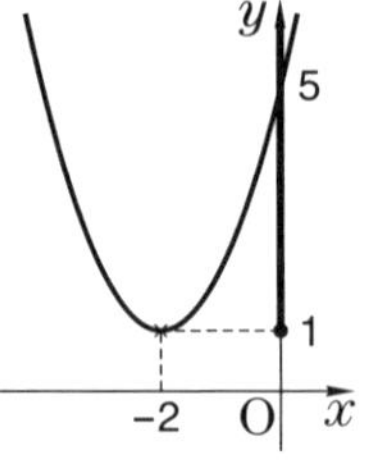

問25 次の2次関数の最大値・最小値を調べよ。

(1) $y=-(x+2)^2+1$

(2) $y=x^2-2x-3$

(1)

(2)

練習31 次の2次関数の最大値・最小値を調べよ。

(1) $y=2(x+1)^2-2$

(2) $y=-\frac{1}{2}(x+2)^2+4$

(3) $y=x^2+4x-2$

(4) $y=x^2-x+1$

(5) $y=2x^2+4x+1$

(6) $y=-x^2+6x-2$

(7) $y=-3x^2+6x$

(8) $y=\frac{1}{2}x^2+x-\frac{3}{2}$

26 2次関数の最大・最小 (2)

定義域に制限がある場合

① 頂点と定義域（x のとり得る値の範囲）の両端の y の値を求める。

② グラフを利用する。

例26 次の2次関数の最大値，最小値を求めよ。

(1) $y=x^2-4x+3$　$(-1 \leqq x \leqq 4)$

(2) $y=-x^2+2x+5$　$(2 \leqq x \leqq 4)$

解

(1) $y=x^2-4x+3$

$=(x-2)^2-4+3=(x-2)^2-1$

よって，頂点 $(2,\ -1)$

$x=-1$ のとき，$y=8$
$x=4$ のとき，　$y=3$

←$x=-1,\ 4$（定義域の両端）の y の値を求める

ゆえに，$-1 \leqq x \leqq 4$ におけるグラフは，右図の実線部分であるから，

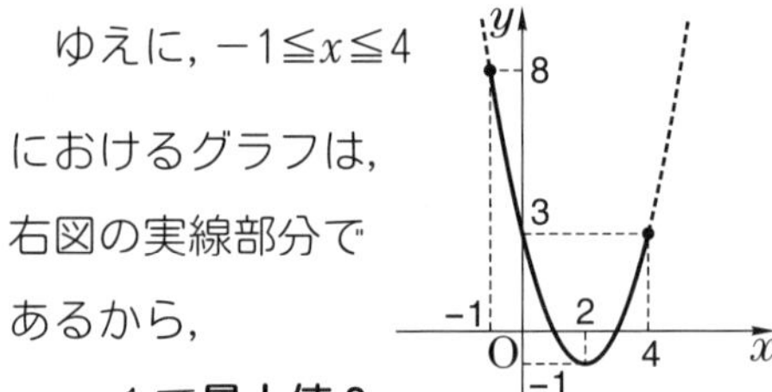

$x=-1$ で**最大値 8**

$x=2$ で**最小値 −1** をとる。

(2) $y=-x^2+2x+5$

$=-(x^2-2x)+5$

$=-\{(x-1)^2-1\}+5$　←{ }でくくる

$=-(x-1)^2+1+5=-(x-1)^2+6$

よって，頂点 $(1,\ 6)$

$x=2$ のとき，$y=5$
$x=4$ のとき，$y=-3$

←$x=2,\ 4$（定義域の両端）の y の値を求める

ゆえに，$2 \leqq x \leqq 4$ におけるグラフは，右図の実線部分であるから，

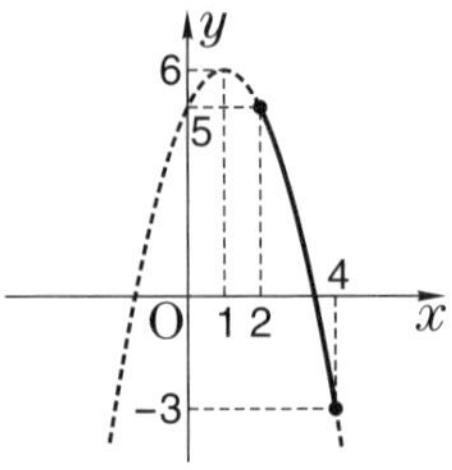

$x=2$ で**最大値 5**

$x=4$ で**最小値 −3** をとる。

問26 次の2次関数の最大値，最小値を求めよ。

(1) $y=-2x^2+4x+7$　$(0 \leqq x \leqq 3)$

(2) $y=x^2+6x$　$(-1 \leqq x \leqq 1)$

(1) $y=-2x^2+4x+7$

$=$

(2) $y=x^2+6x$

$=$

練習32 次の2次関数の最大値，最小値を求めよ。

(1) $y=x^2+2x+3$ $(-2 \leqq x \leqq 2)$

(2) $y=-x^2+4x+2$ $(-2 \leqq x \leqq 1)$

(3) $y=2x^2-4x$ $(-1 \leqq x \leqq 3)$

(4) $y=-x^2+3x$ $(0 \leqq x \leqq 4)$

練習33 長さが20 cmのひもで長方形をつくるとき，その面積を最大にするには，どのようにすればよいか。

ヒント たての長さを x cm として，面積 y cm^2 を x の式で表す

27 2次関数の決定

2次関数の決定

① グラフの頂点や軸の条件がわかる　→　$y=a(x-p)^2+q$ とおく

② グラフの通る3点がわかる　→　$y=ax^2+bx+c$ とおく

例27 次の条件を満たす2次関数を求めよ。

(1) グラフの頂点が(2, 1)で，点(1, −1)を通る。

(2) グラフが3点(0, −3)，(−1, 0)，(1, −4)を通る。

解 (1) 頂点が(2, 1)であるから，

$y=a(x-2)^2+1$　…(＊)

とおける。←$y=(x-2)^2+1$ としないこと

これが，点(1, −1)を通るから，

$-1=a(1-2)^2+1$　←(＊)に $x=1$，$y=-1$ を代入

$-1=a+1$

よって，$a=-2$

(＊)へ代入して，

$y=-2(x-2)^2+1$　より

$\boldsymbol{y=-2x^2+8x-7}$

(2) 求める2次関数を

$y=ax^2+bx+c$　…(＊)

とおくと，このグラフが3点

(0, −3)，(−1, 0)，(1, −4)

を通るから，

$$\begin{cases} -3=c & \cdots① \\ 0=a-b+c & \cdots② \\ -4=a+b+c & \cdots③ \end{cases}$$

←3点の座標を(＊)へ代入して連立方程式をつくる

①を②，③へ代入して，

$a-b=3$，$a+b=-1$

これを解いて，$a=1$，$b=-2$

①と合わせて(＊)に代入して，

$\boldsymbol{y=x^2-2x-3}$

問27 次の条件を満たす2次関数を求めよ。

(1) グラフの頂点が(1, 3)で，点(2, 5)を通る。

(2) グラフが3点(2, 0)，(0, 2)，(−2, −4)を通る。

解 (1)

(2)

練習34 次の条件を満たす2次関数を求めよ。

(1) グラフの頂点が$(-2,\ -3)$で，点$(0,\ -1)$を通る。

(2) グラフの軸が直線$x=2$で，2点$(1,\ -2)$，$(4,\ 4)$を通る。

(3) グラフが3点$(0,\ 0)$，$(1,\ 5)$，$(-1,\ -1)$を通る。

(4) グラフが3点$(-1,\ -3)$，$(1,\ 3)$，$(2,\ 3)$を通る。

(5) グラフがx軸と2点$(-2,\ 0)$，$(-3,\ 0)$で交わり，点$(-1,\ 4)$を通る。

(6) $x=-1$で最大値4をとり，グラフが点$(0,\ 3)$を通る。

28 2次方程式の解法

因数分解，解の公式

① 2次方程式$(ax-b)(cx-d)=0$の解は，

$$x=\frac{b}{a},\ \frac{d}{c}$$

② (Ⅰ) 2次方程式$ax^2+bx+c=0$の解は，$b^2-4ac\geqq 0$のとき，

$$x=\frac{-b\pm\sqrt{b^2-4ac}}{2a}$$

(Ⅱ) 2次方程式$ax^2+2b'x+c=0$の解は，$b'^2-ac\geqq 0$のとき，

$$x=\frac{-b'\pm\sqrt{b'^2-ac}}{a}$$

第3章　2次関数

例28 次の2次方程式を解け。

(1) $(x-2)(x+3)=0$

(2) $x^2-6x+9=0$

(3) $2x^2-3x+1=0$

(4) $2x^2+5x+1=0$

(5) $3x^2+2x-2=0$

解

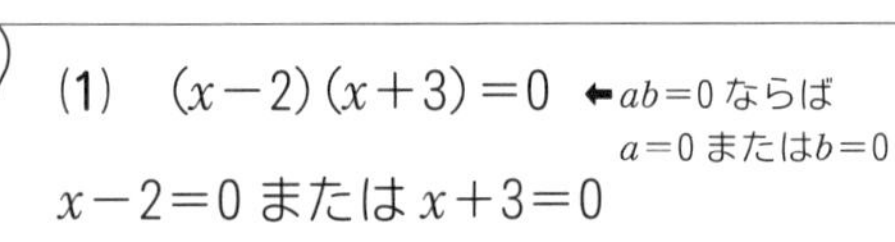

(1) $(x-2)(x+3)=0$ ←$ab=0$ならば$a=0$または$b=0$

$x-2=0$または$x+3=0$

よって，$x=2,\ -3$

(2) $x^2-6x+9=0$

$(x-3)^2=0$ ←$x-3=0$のみ

よって，$x=3$ ←重解という

(3) $2x^2-3x+1=0$ ←たすき掛けの因数分解

$(x-1)(2x-1)=0$

1	╳	-1 →	-2
2		-1 →	-1
2		1	-3

よって，$x=\dfrac{1}{2},\ 1$

(4) $2x^2+5x+1=0$ ←解の公式(Ⅰ) $a=2,\ b=5,\ c=1$

$$x=\frac{-5\pm\sqrt{5^2-4\cdot 2\cdot 1}}{2\cdot 2}=\frac{-5\pm\sqrt{17}}{4}$$

(5) $3x^2+2x-2=0$ ←解の公式(Ⅱ) $a=3,\ b'=1,\ c=-2$

$3x^2+2\cdot 1\cdot x-2=0$

$$x=\frac{-1\pm\sqrt{1^2-3\cdot(-2)}}{3}=\frac{-1\pm\sqrt{7}}{3}$$

問28 次の2次方程式を解け。

(1) $(x+1)(x-2)=0$

(2) $x^2-4=0$

(3) $3x^2+5x-2=0$

(4) $x^2+3x+1=0$

(5) $3x^2-6x-2=0$

解

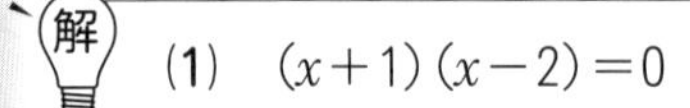

(1) $(x+1)(x-2)=0$

(2) $x^2-4=0$

(3) $3x^2+5x-2=0$

(4) $x^2+3x+1=0$

(5) $3x^2-6x-2=0$

練習35 次の2次方程式を解け。

(1) $(x+1)(x+4)=0$

(2) $x^2-3x+2=0$

(3) $x^2-3x=0$

(4) $4x^2-4x+1=0$

(5) $3x^2-4x-4=0$

(6) $x^2+5x+2=0$

(7) $-2x^2-3x+1=0$

(8) $3x^2+4x-2=0$

(9) $3x(2-x)=1$

(10) $x^2+\sqrt{8}x+2=0$

29 2次方程式の解の判別

2次方程式の解の種類を判別する式

2次方程式 $ax^2+bx+c=0$ について，b^2-4ac を**判別式**といい D で表す。

$D>0$ のとき，異なる2つの実数解をもつ。
$D=0$ のとき，ただ1つの実数解(重解)をもつ。
（以上2つ）**$D\geqq0$ のとき，実数解をもつ。**
$D<0$ のとき，実数解をもたない。

例29 (1)　次の2次方程式の解を判別せよ。

(i)　$3x^2+2x-1=0$

(ii)　$9x^2-12x+4=0$

(2)　2次方程式 $x^2+kx+4=0$ が重解をもつように定数 k の値を定め，そのときの重解を求めよ。

(1)　(i)　$D=2^2-4\cdot3\cdot(-1)$

$=4+12$　　← $a=3$，$b=2$，$c=-1$ を $D=b^2-4ac$ に代入する

$=16>0$

よって，**異なる2つの実数解をもつ。**

(ii)　$D=(-12)^2-4\cdot9\cdot4$　　← $a=9$，$b=-12$，$c=4$ を $D=b^2-4ac$ に代入する

$=144-144=0$

よって，**重解をもつ。**

(2)　重解をもつのは $D=0$ のときであるから，

$D=k^2-4\cdot1\cdot4=0$　　← $a=1$，$b=k$，$c=4$ を $D=b^2-4ac$ に代入する

$k^2-16=0$

$(k+4)(k-4)=0$

よって，$\boldsymbol{k=\pm4}$　　← 方程式に代入して重解を求める

重解は，

$k=4$ のとき，$x^2+4x+4=0$

$(x+2)^2=0$ より，$\boldsymbol{x=-2}$

$k=-4$ のとき，$x^2-4x+4=0$

$(x-2)^2=0$ より，$\boldsymbol{x=2}$

問29 (1)　次の2次方程式の解を判別せよ。

(i)　$x^2+x-5=0$

(ii)　$2x^2+3x+3=0$

(2)　2次方程式 $x^2-kx+9=0$ が重解をもつように定数 k の値を定め，そのときの重解を求めよ。

(1)　(i)

(ii)

(2)

練習36 次の2次方程式の解を判別せよ。

(1) $3x^2+x-4=0$

(2) $x^2+2\sqrt{3}x+3=0$

練習37 (1) 2次方程式 $x^2+kx+k+3=0$ が重解をもつように定数 k の値を定め，そのときの重解を求めよ。

(2) 2次方程式 $x^2+3x+2k=0$ が異なる2つの実数解をもつような定数 k の値の範囲を求めよ。

練習38 2次方程式 $3x^2-6x+a=0$ の実数解の個数を，定数 a の値によって分類して答えよ。

30 2次関数のグラフと x 軸との位置関係

放物線と x 軸との共有点の個数

2次関数 $y=ax^2+bx+c$　$(a>0)$ について

グラフ	（x 軸と2点で交わる）	（x 軸と1点で接する）	（x 軸と共有点なし）
x 軸との共有点の個数	2	1	0
$ax^2+bx+c=0$ の解	異なる2つの実数解	重解	実数解なし
判別式 $D=b^2-4ac$	$D>0$	$D=0$	$D<0$

例30 (1)　2次関数 $y=x^2-3x-4$ のグラフと x 軸との共有点の x 座標を求めよ。

(2)　2次関数 $y=2x^2-3x-6$ のグラフと x 軸との共有点の個数を求めよ。

(3)　2次関数 $y=x^2+2x-k$ のグラフが x 軸と接するような定数 k の値を求めよ。

解 (1)　$y=x^2-3x-4$ において，

$y=0$ を代入すると ←x 軸上の点の y 座標は0

$0=x^2-3x-4$　　$(x-4)(x+1)=0$

よって，求める x 座標は $x=-1,\ 4$

(2)　$D=(-3)^2-4\times2\times(-6)$

$=9+48=57$　↖$D=b^2-4ac$

よって，$D>0$ であるから，**2個**

(3)　2次関数のグラフが x 軸と接するのは，$D=0$ のときであるから

$D=2^2-4\times1\times(-k)=0$ ←$a=1$，$b=2$，$c=-k$ を D の式に代入する

$4+4k=0$

よって，$k=-1$

問30 (1)　2次関数 $y=-x^2+x+2$ のグラフと x 軸との共有点の x 座標を求めよ。

(2)　2次関数 $y=2x^2-6x-3$ のグラフと x 軸との共有点の個数を求めよ。

(3)　2次関数 $y=2x^2+kx+18$ のグラフが x 軸と接するような定数 k の値を求めよ。

解 (1)

(2)

(3)

練習39 次の2次関数のグラフとx軸との共有点の座標を求めよ。

(1) $y=-x^2+3x+10$

(2) $y=2x^2-3x+1$

練習40 次の2次関数のグラフとx軸との共有点の個数を求めよ。

(1) $y=5x^2+3x+6$

(2) $y=-3x^2-4x+2$

練習41 (1) 2次関数$y=x^2+kx+9$のグラフがx軸と接するような定数kの値を求めよ。また，接点の座標を求めよ。

(2) 2次関数$y=-2x^2+3x+a$のグラフがx軸と共有点をもたないような定数aの値の範囲を求めよ。

31 2次不等式 (1)

2次不等式の解法 (1)

① $\alpha<\beta$ のとき

$(x-\alpha)(x-\beta)<0$ の解は，$\alpha<x<\beta$

$(x-\alpha)(x-\beta)>0$ の解は，$x<\alpha$，$\beta<x$

▶$y=(x-\alpha)(x-\beta)$ のグラフについて

$y<0$ → x 軸より下の部分→ $\alpha<x<\beta$

$y>0$ → x 軸より上の部分→ $x<\alpha$，$\beta<x$

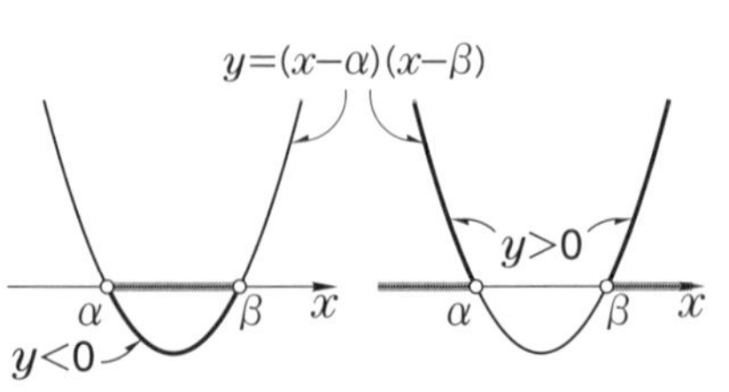

② $ax^2+bx+c=0$ $(a>0)$ が異なる2つの実数解 α，β $(\alpha<\beta)$ をもつとき，

$ax^2+bx+c<0$ の解は，$\alpha<x<\beta$

$ax^2+bx+c>0$ の解は，$x<\alpha$，$\beta<x$

例31 次の2次不等式を解け。

(1) $(x-2)(x-3)>0$

(2) $x^2-3x-4\leqq 0$

(3) $x^2-3x+1\geqq 0$

解

(1)

$(x-2)(x-3)>0$

$x<2$，$3<x$

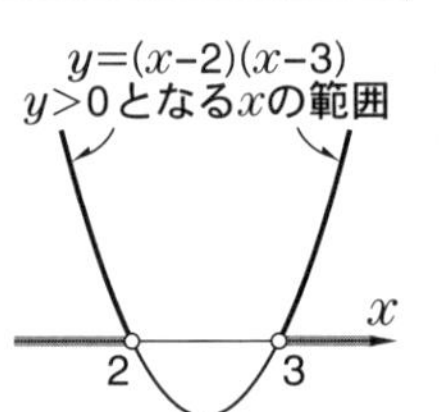

(2) $x^2-3x-4\leqq 0$

$(x-4)(x+1)\leqq 0$

よって，$-1\leqq x\leqq 4$

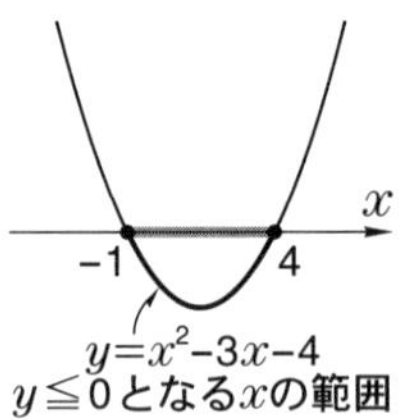

(3) $x^2-3x+1\geqq 0$

$x^2-3x+1=0$ の解は

$$x=\frac{3\pm\sqrt{3^2-4\times1\times1}}{2\times1}$$

$$=\frac{3\pm\sqrt{5}}{2}$$

⬅ $y=x^2-3x+1$ と x 軸との共有点の x 座標

よって，$x\leqq\frac{3-\sqrt{5}}{2}$，$\frac{3+\sqrt{5}}{2}\leqq x$

問31 次の2次不等式を解け。

(1) $(x-1)(x+3)\leqq 0$

(2) $x^2-2x-8\geqq 0$

(3) $2x^2+x-2<0$

解

(1) $(x-1)(x+3)\leqq 0$

(2) $x^2-2x-8\geqq 0$

(3) $2x^2+x-2<0$

練習42 次の2次不等式を解け。

(1) $(x-2)(x-5)<0$

(2) $(2x+1)(x-2)\geqq 0$

(3) $x^2-7x+12\leqq 0$

(4) $x-3x^2<0$

(5) $x^2-9<0$

(6) $2x^2-7x+3\geqq 0$

(7) $-x^2+x+1\geqq 0$

(8) $2x^2+4x-3>0$

32 2次不等式 (2)

2次不等式の解法 (2)，連立不等式

①

$y=ax^2+bx+c$ ($a>0$)のグラフ	$ax^2+bx+c>0$	$ax^2+bx+c\geqq0$	$ax^2+bx+c<0$	$ax^2+bx+c\leqq0$
 (グラフ: x軸とαで接する)	$x=\alpha$ 以外のすべての実数	すべての実数	解はない	$x=\alpha$
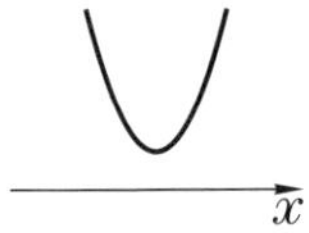 (グラフ: x軸と共有点なし)	すべての実数		解はない	

② 連立不等式→それぞれの不等式の解を求め，共通の範囲を調べる。

例32 (1) 次の2次不等式を解け。

(i) $x^2-4x+4>0$

(ii) $x^2-4x+5<0$

(2) 連立不等式 $\begin{cases} x^2+x-2\geqq0 \\ x^2+x-6<0 \end{cases}$ を解け。

解

(1) (i) $x^2-4x+4>0$

$(x-2)^2>0$ より，

$x=2$ 以外のすべての実数

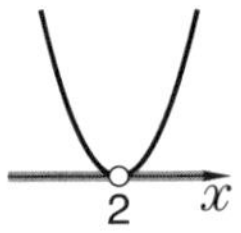

(ii) $x^2-4x+5<0$

$(x-2)^2+1<0$ ←左辺を平方完成

(左辺)>0 より，

解はない ↖$(x-2)^2\geqq0$ に$+1$している

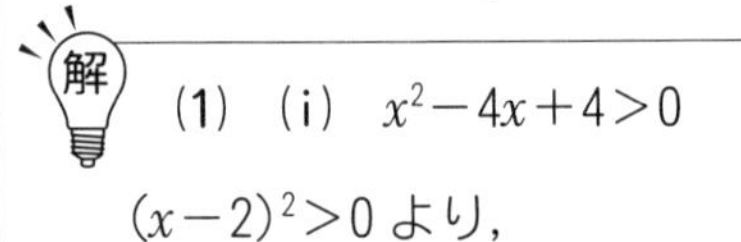

(2) $x^2+x-2\geqq0$ の解は

$(x+2)(x-1)\geqq0$

$x\leqq-2,\ 1\leqq x$ …①

$x^2+x-6<0$ の解は

$(x+3)(x-2)<0$

$-3<x<2$…②

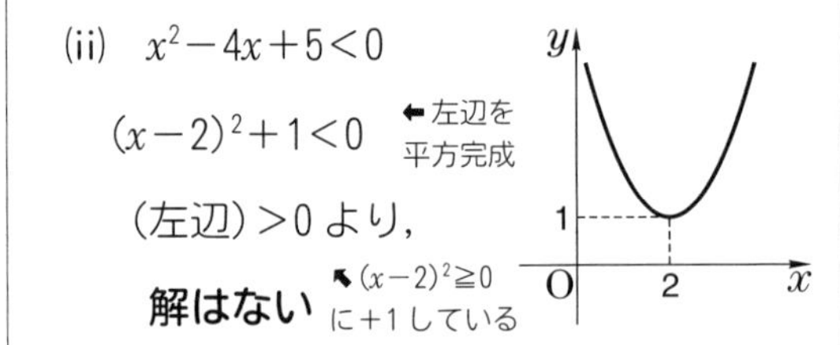

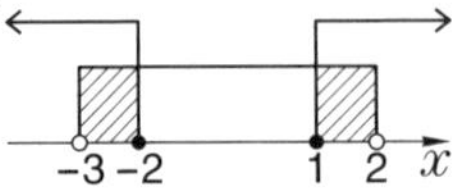

↑ ①,②の範囲を図示して共通の範囲を調べる

①，②より

$-3<x\leqq-2,\ 1\leqq x<2$

問32 (1) 次の2次不等式を解け。

(i) $x^2-6x+9\leqq0$

(ii) $x^2-x+1\geqq0$

(2) 連立不等式 $\begin{cases} x^2+2x-8<0 \\ x^2-4x+3\leqq0 \end{cases}$ を解け。

解

(1) (i) $x^2-6x+9\leqq0$

(ii) $x^2-x+1\geqq0$

(2)

練習43 次の2次不等式を解け。

(1) $x^2-2x+1<0$

(2) $4x^2-4x+1\geqq 0$

(3) $x^2+2x+5>0$

(4) $-2x^2+4x-3\geqq 0$

練習44 次の連立不等式を解け。

(1) $\begin{cases} x^2+2x-3>0 \\ x^2-4\leqq 0 \end{cases}$

(2) $x<x^2<3x$

練習45 2つの2次方程式 $\begin{cases} x^2+mx+9=0 & \cdots① \\ x^2-mx+2m=0 & \cdots② \end{cases}$ について，次の条件を満たす m の値の範囲を求めよ。

(1) ①が実数解をもつ

(2) ①が実数解をもち，②が実数解をもたない

33 三角比

鋭角の三角比，30°・45°・60°の三角比

① 右図の直角三角形 ABC において，

$\sin A=\dfrac{a}{c}$（正弦），$\cos A=\dfrac{b}{c}$（余弦），$\tan A=\dfrac{a}{b}$（正接）

を∠A の三角比という。

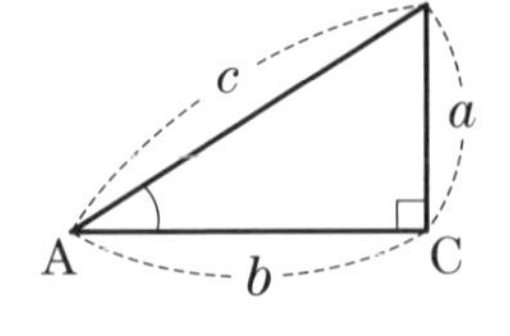

② 30°・45°・60°の三角比は，直角三角形の辺の比を利用して求める。

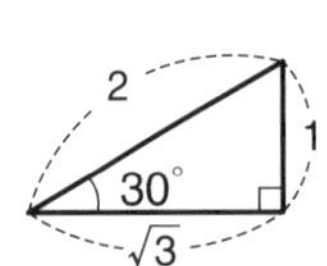

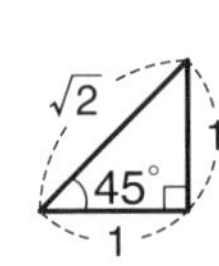

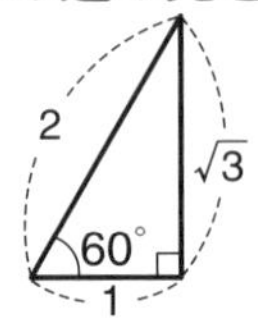

例33 (1) 次の直角三角形について，∠A の三角比を求めよ。

(i)

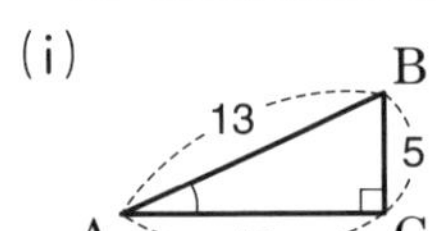

(ii)

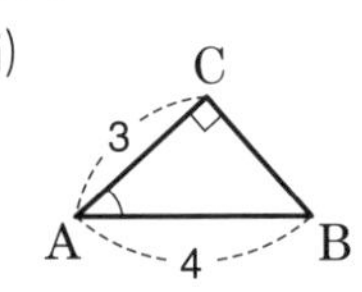

(2) 次の三角比の値を求めよ。

(i) $\sin 60^\circ$　(ii) $\cos 45^\circ$

(1) (i) $a=5$，$b=12$，$c=13$ より

$\sin A=\dfrac{5}{13}$，$\cos A=\dfrac{12}{13}$，$\tan A=\dfrac{5}{12}$

(ii) BC$=a$ とすると三平方の定理より，

$AB^2=AC^2+BC^2$ が成り立つ。

よって，$16=9+a^2$

$a^2=7$

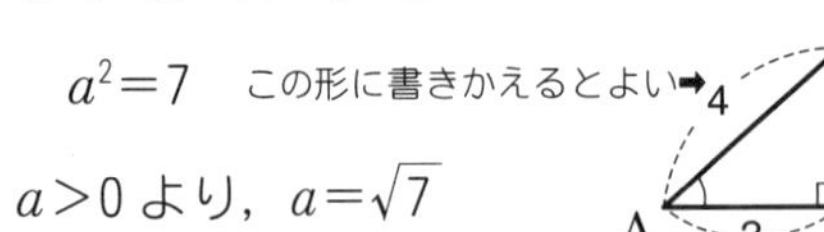

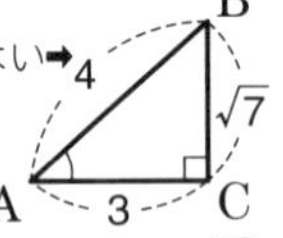

$a>0$ より，$a=\sqrt{7}$

$\sin A=\dfrac{\sqrt{7}}{4}$，$\cos A=\dfrac{3}{4}$，$\tan A=\dfrac{\sqrt{7}}{3}$

(2) (i)

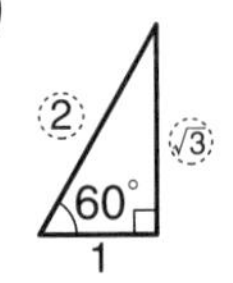

(ii)

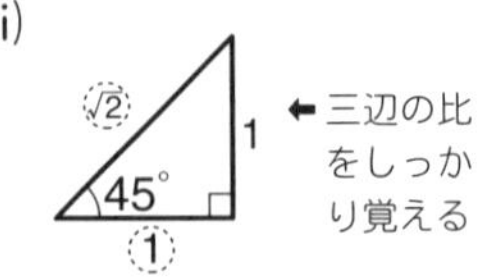

$\sin 60^\circ=\dfrac{\sqrt{3}}{2}$　$\cos 45^\circ=\dfrac{1}{\sqrt{2}}=\dfrac{\sqrt{2}}{2}$

問33 (1) 次の直角三角形について，∠A の三角比を求めよ。

(i)

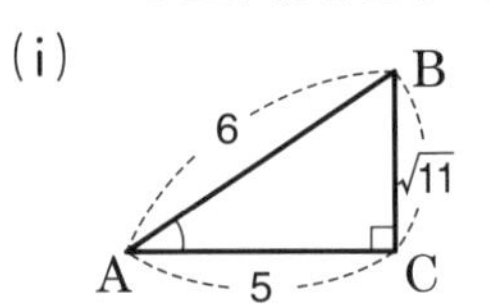

(ii)

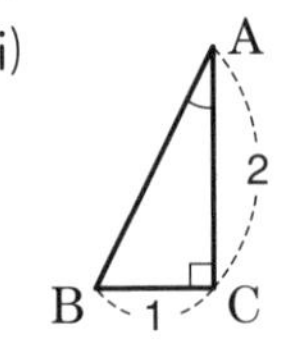

(2) 次の三角比の値を求めよ。

(i) $\sin 30^\circ$　(ii) $\tan 60^\circ$

(1) (i)

(ii)

(2) (i)　(ii)

練習46 次の直角三角形について，∠A と∠B の三角比を求めよ。

(1)

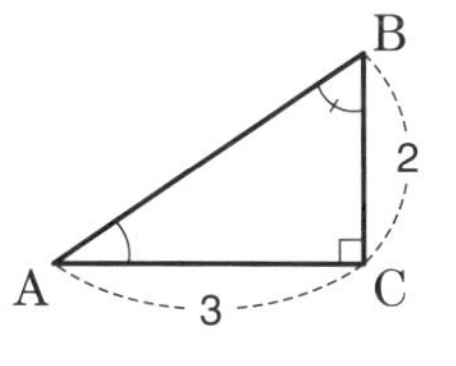

(2)

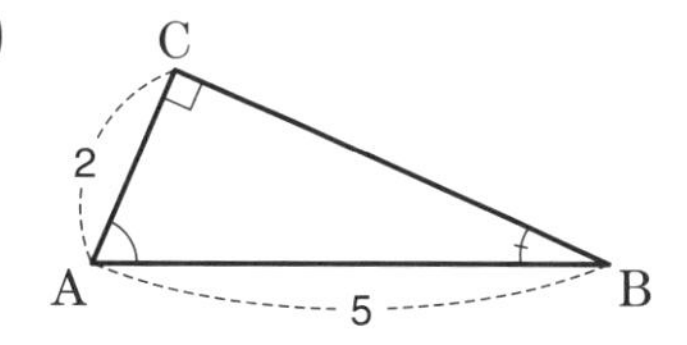

練習47 次の三角比の値を求めよ。

(1) $\tan 45^\circ$

(2) $\cos 60^\circ$

(3) $\sin 45^\circ$

(4) $\cos 30^\circ$

練習48 あるビルの屋上から，ビルと 10 m 離れた地点を見下ろした角を測ったところ，60°であった。このビルの高さを求めよ。

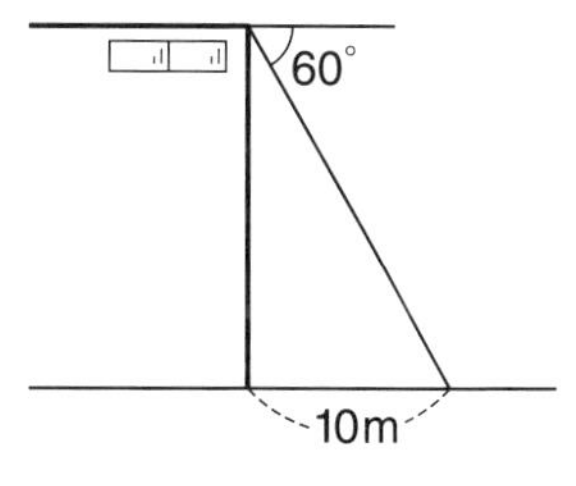

34 三角比の拡張

三角比の拡張，三角比の符号

① 原点Oを中心とする半径 r の半円において，右図のように角 θ をとり，点Pの座標を $(x,\ y)$ とすると，

$$\sin\theta=\frac{y}{r},\quad \cos\theta=\frac{x}{r},\quad \tan\theta=\frac{y}{x}$$

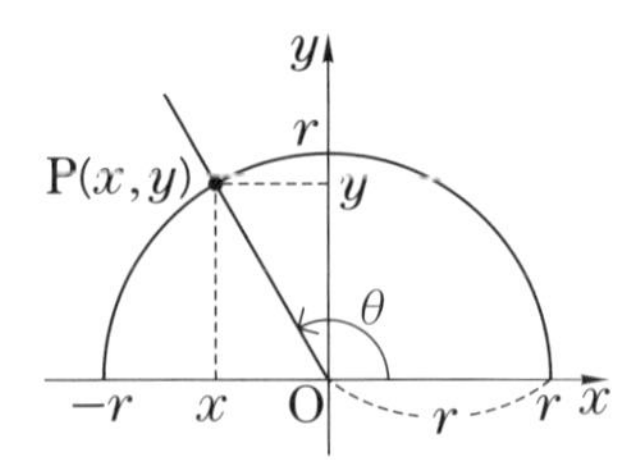

②

θ	鋭角（$0^\circ<\theta<90^\circ$）	鈍角（$90^\circ<\theta<180^\circ$）
$\sin\theta$	$+$	$+$
$\cos\theta$	$+$	$-$
$\tan\theta$	$+$	$-$

（半径 r は正の数であるから，点Pの x 座標，y 座標の符号で決まる）

例34 次の三角比の値を求めよ。

(1)　$\cos 120^\circ$　　(2)　$\sin 90^\circ$

解

(1)

（$\theta=120^\circ$，135°，150° のとき）
←①$120^\circ$ をとる
②点Pから x 軸に垂線を引いて直角三角形をつくる
③三辺の比から，斜辺の比を半径とする
④点Pの座標が決まる

半径2の円では，$\mathrm{P}(-1,\ \sqrt{3})$ となるから，

$\cos 120^\circ=-\dfrac{1}{2}$　←$\cos\theta=\dfrac{x}{r}$

(2)

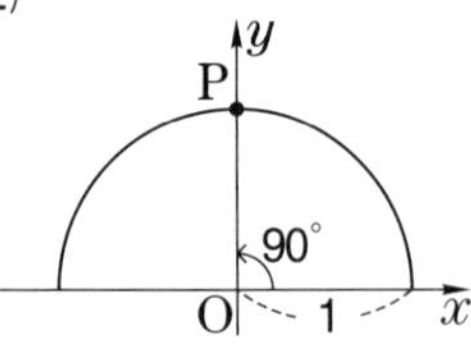

（$\theta=0^\circ$，90°，180° のとき）
←①半径は何でもよい
②点Pの座標が決まる

半径1の円では，$\mathrm{P}(0,\ 1)$ となるから，

$\sin 90^\circ=\dfrac{1}{1}=1$　←$\sin\theta=\dfrac{y}{r}$

（$\tan 90^\circ$ の値は $\dfrac{y}{x}=\dfrac{1}{0}$ となるので，存在しない）

問34 次の三角比の値を求めよ。

(1)　$\sin 135^\circ$　　(2)　$\tan 180^\circ$

(1)

(2)

練習49　次の三角比の値を求めよ。

(1)　$\sin 120^\circ$

(2)　$\cos 150^\circ$

(3)　$\tan 135^\circ$

(4)　$\cos 0^\circ$

(5)　$\tan 150^\circ$

(6)　$\sin 180^\circ$

(7)　$\cos 135^\circ$

(8)　$\sin 150^\circ$

35 三角比の相互関係 (1)

三角比の相互関係

① $\sin^2\theta+\cos^2\theta=1$　② $\tan\theta=\dfrac{\sin\theta}{\cos\theta}$　③ $1+\tan^2\theta=\dfrac{1}{\cos^2\theta}$

例35 (1)　θ が鋭角で，$\cos\theta=\dfrac{2}{3}$ のとき，$\sin\theta$ と $\tan\theta$ の値を求めよ。

(2)　θ が鈍角で，$\tan\theta=-2$ のとき，$\cos\theta$ と $\sin\theta$ の値を求めよ。

解 (1)　$\sin^2\theta+\cos^2\theta=1$ ① より，

$\sin^2\theta=1-\cos^2\theta=1-\left(\dfrac{2}{3}\right)^2=\dfrac{5}{9}$

$\sin\theta>0$ より，$\boldsymbol{\sin\theta=\dfrac{\sqrt{5}}{3}}$

↑ θ が鋭角でも，鈍角でも $\sin\theta>0$

$\boldsymbol{\tan\theta}=\dfrac{\sin\theta}{\cos\theta}$ ② $=\dfrac{\sqrt{5}}{3}\div\dfrac{2}{3}=\dfrac{\sqrt{5}}{3}\times\dfrac{3}{2}$

$=\boldsymbol{\dfrac{\sqrt{5}}{2}}$

(2)　$1+\tan^2\theta=\dfrac{1}{\cos^2\theta}$ ③ より，

$\dfrac{1}{\cos^2\theta}=1+(-2)^2=5$

よって，$\cos^2\theta=\dfrac{1}{5}$ より，

$\cos\theta=\pm\dfrac{1}{\sqrt{5}}$　← $\cos\theta$ は＋にも－にもなるので $\dfrac{1}{\sqrt{5}}$ としないこと

θ は鈍角であるので，$\cos\theta<0$

ゆえに，$\boldsymbol{\cos\theta}=-\dfrac{1}{\sqrt{5}}=\boldsymbol{-\dfrac{\sqrt{5}}{5}}$

$\tan\theta=\dfrac{\sin\theta}{\cos\theta}$ ② より，

$\boldsymbol{\sin\theta}=\tan\theta\times\cos\theta$

$=-2\times\left(-\dfrac{\sqrt{5}}{5}\right)=\boldsymbol{\dfrac{2\sqrt{5}}{5}}$

問35 (1)　θ が鈍角で，$\sin\theta=\dfrac{3}{4}$ のとき，$\cos\theta$ と $\tan\theta$ の値を求めよ。

(2)　θ が鋭角で，$\tan\theta=3$ のとき，$\cos\theta$ と $\sin\theta$ の値を求めよ。

解 (1)

(2)

第4章　図形と計量

練習50 (1)　θ が鋭角で，$\cos\theta=\frac{2}{5}$ のとき，$\sin\theta$ と $\tan\theta$ の値を求めよ。

(2)　θ が鈍角で，$\sin\theta=\frac{\sqrt{5}}{3}$ のとき，$\cos\theta$ と $\tan\theta$ の値を求めよ。

(3)　$90°<\theta<180°$ で，$\tan\theta=-4$ のとき，$\cos\theta$ と $\sin\theta$ の値を求めよ。

(4)　$0°<\theta<180°$ で $\tan\theta=-\sqrt{2}$ のとき，$\cos\theta$ と $\sin\theta$ の値を求めよ。

練習51 次の式を簡単にせよ。

(1)　$(\sin\theta+\cos\theta)^2+(\sin\theta-\cos\theta)^2$

(2)　$\cos\theta(\sin\theta\tan\theta+\cos\theta)$

36 三角比の相互関係 (2)

90° − θ，180° − θ の三角比

① $\sin(90^\circ-\theta)=\cos\theta$，$\cos(90^\circ-\theta)=\sin\theta$，$\tan(90^\circ-\theta)=\dfrac{1}{\tan\theta}$

② $\sin(180^\circ-\theta)=\sin\theta$，$\cos(180^\circ-\theta)=-\cos\theta$，$\tan(180^\circ-\theta)=-\tan\theta$

例36 (1)　次の三角比を 45° 以下の三角比で表せ。

(i)　$\sin 75^\circ$　　(ii)　$\cos 160^\circ$

(2)　△ABC において

$\sin A=\sin(B+C)$

が成り立つことを証明せよ。

解

(1)　(i)　$\sin 75^\circ$

$=\sin(90^\circ-15^\circ)$　← $\sin(90^\circ-\theta)=\cos\theta$

$=\cos 15^\circ$

(ii)　$\cos 160^\circ$

$=\cos(180^\circ-20^\circ)$　← $\cos(180^\circ-\theta)=-\cos\theta$

$=-\cos 20^\circ$

(2)　$A+B+C=180^\circ$ より，← 三角形の内角の和は180°

$B+C=180^\circ-A$

よって，$\sin(B+C)$

$=\sin(180^\circ-A)=\sin A$

問36 (1)　次の三角比を 45° 以下の三角比で表せ。

(i)　$\sin 80^\circ$　　(ii)　$\tan 140^\circ$

(2)　△ABC において

$\sin\dfrac{C}{2}=\cos\dfrac{A+B}{2}$

が成り立つことを証明せよ。

解

(1)　(i)

(ii)

(2)

練習52　次の式を簡単にせよ。

(1)　$\cos(90^\circ-\theta)-\sin(180^\circ-\theta)$

(2)　$\tan(90^\circ-\theta)\tan(180^\circ-\theta)$

練習53　△ABC において，次の等式が成り立つことを証明せよ。

$\tan\dfrac{A}{2}\tan\dfrac{B+C}{2}=1$

37 三角比の方程式

等式を満たす角 θ ($0° \leqq \theta \leqq 180°$)

$\sin\theta = \dfrac{a}{c}$ → 半径 c の半円と直線 $y=a$ との交点を P

$\cos\theta = \dfrac{b}{c}$ → 半径 c の半円と直線 $x=b$ との交点を P

$\tan\theta = \dfrac{a}{b}$ → 点$(b,\ a)$を P とする($a \geqq 0$ とする)

} x 軸と線分 OP のなす角 θ を求める

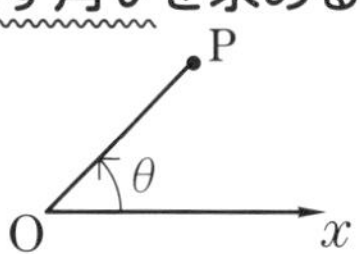

例37 $0° \leqq \theta \leqq 180°$ のとき，次の等式を満たす θ を求めよ。

(1) $\sin\theta = \dfrac{\sqrt{3}}{2}$　(2) $\tan\theta = -1$

(1)

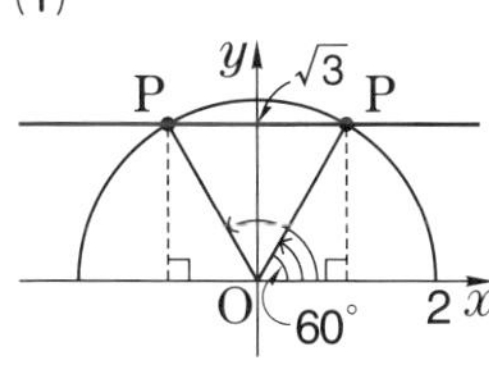

← ①半径 2 の半円と直線 $y=\sqrt{3}$ の交点 P から x 軸に垂線を引く
②直角三角形の辺の比から角の大きさがわかる

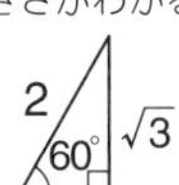

上図より

$\theta = 60°,\ 120°$

(2) $\tan\theta = -1 = \dfrac{1}{-1}$

← ①P$(-1,\ 1)$から x 軸に垂線を引く
②直角三角形の辺の比から角の大きさがわかる

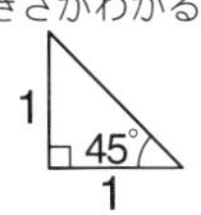

上図より，$\theta = 135°$

問37 $0° \leqq \theta \leqq 180°$ のとき，次の等式を満たす θ を求めよ。

(1) $\cos\theta = \dfrac{\sqrt{2}}{2}$　(2) $\sin\theta = \dfrac{1}{2}$

(1)

(2)

練習54 $0° \leqq \theta \leqq 180°$ のとき，次の等式を満たす θ を求めよ。

(1) $\sin\theta = \dfrac{\sqrt{2}}{2}$　(2) $\cos\theta = -\dfrac{1}{2}$　(3) $\tan\theta = \sqrt{3}$

38 正弦定理

正弦定理

△ABC において

$$\frac{a}{\sin A}=\frac{b}{\sin B}=\frac{c}{\sin C}=2R$$

（R は△ABC の外接円の半径）

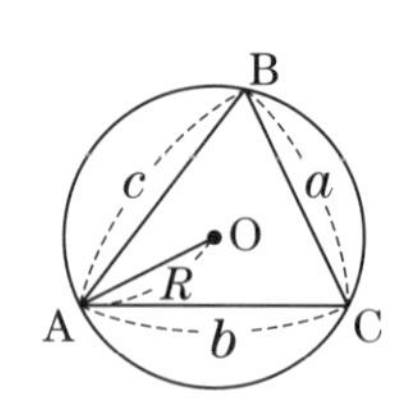

例38 △ABC において，次の値を求めよ。

(1)　$b=6$，$A=45°$，$B=30°$ のとき，a

(2)　$a=2\sqrt{6}$，$A=120°$ のとき，外接円の半径 R

(1)　正弦定理より，

$$\frac{a}{\sin 45°}=\frac{6}{\sin 30°}$$ ← $\frac{a}{\sin A}=\frac{b}{\sin B}$ 必要な部分だけ取り出す

よって，

$$a=\frac{6}{\sin 30°}\times\sin 45°$$

$$=6\div\frac{1}{2}\times\frac{\sqrt{2}}{2}$$ ← $\sin 30°=\frac{1}{2}$，$\sin 45°=\frac{\sqrt{2}}{2}$

$$=6\times2\times\frac{\sqrt{2}}{2}$$

$$=\mathbf{6\sqrt{2}}$$

(2)　正弦定理より，

$$2R=\frac{2\sqrt{6}}{\sin 120°}$$ ← $\frac{a}{\sin A}=2R$ 必要な部分だけ取り出す

よって，

$$R=\frac{\sqrt{6}}{\sin 120°}$$

$$=\sqrt{6}\div\frac{\sqrt{3}}{2}$$ ← $\sin 120°=\frac{\sqrt{3}}{2}$

$$=\sqrt{6}\times\frac{2}{\sqrt{3}}$$

$$=\mathbf{2\sqrt{2}}$$

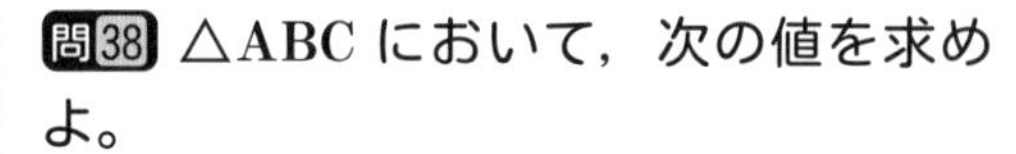

問38 △ABC において，次の値を求めよ。

(1)　$c=4$，$B=60°$，$C=45°$ のとき，b

(2)　$b=6$，$B=150°$ のとき，外接円の半径 R

(1)

(2)

練習55 $\triangle$ABC において，外接円の半径を R とするとき，次を求めよ。

(1) $a=\sqrt{3}$，$A=120°$，$B=45°$ のとき，b

(2) $a=10$，$A=135°$ のとき，R

(3) $A=30°$，$B=135°$，$R=\sqrt{6}$ のとき，a と b

(4) $a=8$，$B=60°$，$C=75°$ のとき，b と R

(5) $A=60°$，$a=3$，$b=\sqrt{6}$ のとき，B

(6) $a=R$ のとき，A

39 余弦定理

余弦定理，鋭角・鈍角の判定

△ABC において

① $a^2=b^2+c^2-2bc\cos A$

② $\cos A=\dfrac{b^2+c^2-a^2}{2bc}$

③ $A<90^\circ$（鋭角）　⇔　$a^2<b^2+c^2$
　 $A>90^\circ$（鈍角）　⇔　$a^2>b^2+c^2$

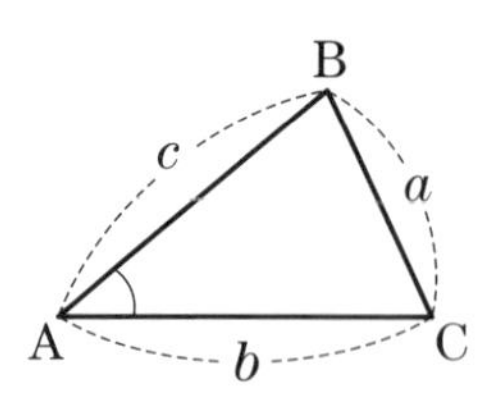

（$A=90^\circ$　⇔　$a^2=b^2+c^2$（三平方の定理））

例39 (1)　△ABC において，次の値を求めよ。

(i)　$b=5$，$c=8$，$A=60^\circ$ のとき，a

(ii)　$a=13$，$b=8$，$c=7$ のとき，A

(2)　△ABC において，$a=12$，$b=7$，$c=9$ のとき，∠A は鋭角，鈍角のいずれであるか。

解 (1)　(i)　余弦定理より

$a^2=5^2+8^2-2\times5\times8\times\cos60^\circ$　← $a^2=b^2+c^2-2bc\cos A$

$=25+64-80\times\dfrac{1}{2}$　← $\cos60^\circ=\dfrac{1}{2}$

$=49$

$a>0$ より　$\boldsymbol{a=7}$

(ii)　$\cos A=\dfrac{8^2+7^2-13^2}{2\times8\times7}$　← $\cos A=\dfrac{b^2+c^2-a^2}{2bc}$

$=\dfrac{64+49-169}{112}$

$=-\dfrac{56}{112}=-\dfrac{1}{2}$　← $\dfrac{x}{r}$（半径）

$0^\circ<A<180^\circ$ より，

$\boldsymbol{A=120^\circ}$

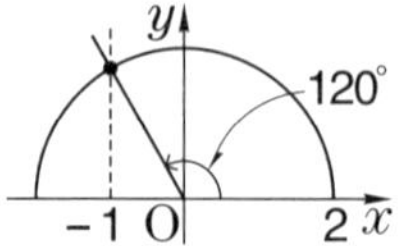

(2)　$a^2=12^2=144$

$b^2+c^2=7^2+9^2=49+81=130$

よって，$a^2>b^2+c^2$　← a^2 と b^2+c^2 の値を比較

ゆえに，∠A は**鈍角**である。

問39 (1)　△ABC において，次の値を求めよ。

(i)　$a=\sqrt{3}$，$c=\sqrt{6}$，$B=45^\circ$ のとき，b

(ii)　$a=3$，$b=5$，$c=7$ のとき，C

(2)　△ABC において，$a=9$，$b=11$，$c=7$ のとき，∠B は鋭角，鈍角のいずれか。

解 (1)　(i)

(ii)

(2)

練習56 △ABC において，次の値を求めよ。

(1) $a=3$，$c=2$，$\cos B=\frac{2}{3}$ のとき，b

(2) $a=6$，$b=5$，$C=120^\circ$ のとき，c

(3) $a=2$，$b=3$，$c=4$ のとき，$\cos A$

(4) $a=8$，$b=7$，$c=3$ のとき，B

練習57 3 辺の長さが次のような三角形は，鋭角三角形(3 つの内角がすべて鋭角)，鈍角三角形(1 つの内角が鈍角)のいずれか。

(1) 2，$\sqrt{7}$，3

(2) 3，7，8

40 三角形の面積

三角形の面積

△ABC の面積を S とすると，

$S=\frac{1}{2}bc\sin A$

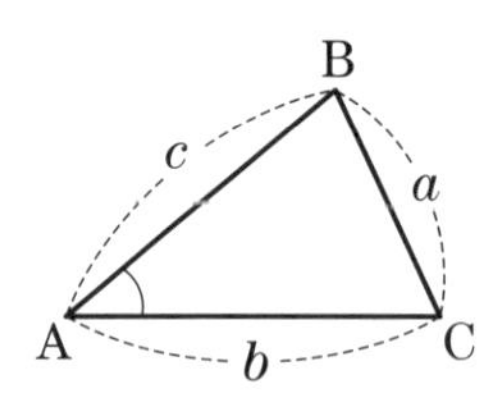

例40 (1) $b=10$，$c=6$，$A=60°$ である△ABC の面積 S を求めよ。

(2) △ABC において，$a=7$，$b=8$，$c=9$ のとき，次を求めよ。

(i) $\cos A$ (ii) $\sin A$ (iii) 面積 S

(1) $S=\frac{1}{2}\times10\times6\times\sin 60°$

$=30\times\frac{\sqrt{3}}{2}$

$=15\sqrt{3}$

← $S=\frac{1}{2}bc\sin A$

(2) (i) $\cos A=\frac{8^2+9^2-7^2}{2\times8\times9}$

$=\frac{96}{144}$

$=\frac{2}{3}$

← $\cos A=\frac{b^2+c^2-a^2}{2bc}$

(ii) $\sin^2 A=1-\left(\frac{2}{3}\right)^2=1-\frac{4}{9}=\frac{5}{9}$

↑ $\sin^2 A+\cos^2 A=1$ より，$\sin^2 A=1-\cos^2 A$

$\sin A>0$ より，

$\sin A=\frac{\sqrt{5}}{3}$

(iii) $S=\frac{1}{2}\times8\times9\times\frac{\sqrt{5}}{3}$

$=12\sqrt{5}$

← $S=\frac{1}{2}bc\sin A$

問40 (1) $a=5$，$c=4$，$B=150°$ である△ABC の面積 S を求めよ。

(2) △ABC において，$a=13$，$b=14$，$c=15$ のとき，次を求めよ。

(i) $\cos A$ (ii) $\sin A$ (iii) 面積 S

(1)

(2) (i)

(ii)

(iii)

<ヘロンの公式>

△ABC において

$s=\frac{a+b+c}{2}$ とすると，

面積 $S=\sqrt{s(s-a)(s-b)(s-c)}$

← 例40 (2) (iii)は，ヘロンの公式を用いると

$s=\frac{7+8+9}{2}=12$ より

$S=\sqrt{12(12-7)(12-8)(12-9)}=12\sqrt{5}$

第4章 図形と計量

練習58 △ABC の面積を S とするとき，次を求めよ。

(1) $a=8$，$b=6$，$C=120°$ のとき，S

(2) $a=11$，$b=10$，$c=7$ のとき，S

(3) $a=20$，$b=2$，$S=10$ のとき，C

練習59 平行四辺形 ABCD の面積を S とするとき，次を求めよ。

(1) AB$=4$，BC$=5$，$\angle$ABC$=135°$ のとき，S

(2) AB$=6$，$\angle$BAD$=60°$，$S=12\sqrt{3}$ のとき，AD の長さ

41 正弦定理・余弦定理，面積への応用

内接円の半径，円に内接する四角形

① △ABC の内接円の半径を r，△ABC の面積を S とするとき，

$$S=\frac{1}{2}(a+b+c)r$$

$\left(\triangle ABC=\triangle BCI+\triangle CAI+\triangle ABI=\frac{1}{2}ar+\frac{1}{2}br+\frac{1}{2}cr=\frac{1}{2}(a+b+c)r\right)$

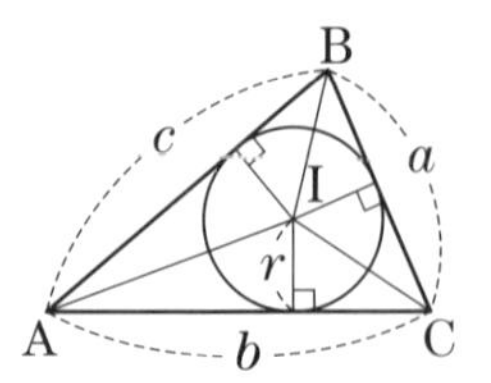

② 円に内接する四角形 ABCD において

$\sin A=\sin C$，$\cos A=-\cos C$

$A+C=180°$ より，
$\sin A=\sin(180°-C)=\sin C$
$\cos A=\cos(180°-C)=-\cos C$

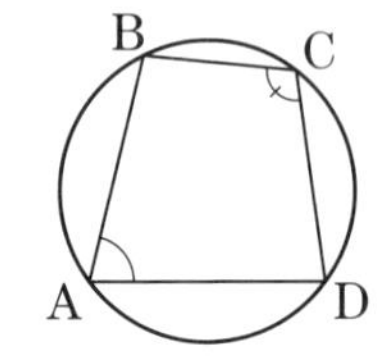

例41 △ABC において，$B=60°$，$b=7$，$c=5$ のとき，次を求めよ。

(1) a

(2) △ABC の面積 S

(3) △ABC の内接円の半径 r

(1) 余弦定理より，

$7^2=5^2+a^2-2\times5\times a\times\cos 60°$　← $b^2=c^2+a^2-2ca\cos B$

$49=25+a^2-5a$　← $\cos 60°=\frac{1}{2}$

よって，

$a^2-5a-24=0$

$(a-8)(a+3)=0$

$a>0$ より，$\boldsymbol{a=8}$

(2) $S=\frac{1}{2}\times8\times5\times\sin 60°$

$=\boldsymbol{10\sqrt{3}}$　← $S=\frac{1}{2}ac\sin B$，$\sin 60°=\frac{\sqrt{3}}{2}$

(3) $S=\frac{1}{2}(a+b+c)r$ より，

$10\sqrt{3}=\frac{1}{2}(8+7+5)r=10r$

よって，$\boldsymbol{r=\sqrt{3}}$

問41 △ABC において，$A=120°$，$a=7$，$b=3$ のとき，次を求めよ。

(1) c

(2) △ABC の面積 S

(3) △ABC の内接円の半径 r

(1)

(2)

(3)

練習60 (1)　△ABC において，$A=60°$，$b=2$，$c=1+\sqrt{3}$ のとき，次を求めよ。

(i)　a

(ii)　B と C

(2)　△ABC において，$A=45°$，$B=105°$，$c=\sqrt{2}$ のとき，次を求めよ。

(i)　a

(ii)　b

練習61 円に内接する四角形 ABCD において，AB=2，BC=1，CD=3，DA=2 であるとき，次の問いに答えよ。

(1)　△ABD において，BD^2 を $\cos A$ で表せ。

(2)　△BCD において，BD^2 を $\cos C$ で表せ。

(3)　$\cos A$ と $\sin A$ の値を求めよ。

(4)　四角形 ABCD の面積を求めよ。

42 空間図形への応用

正四面体

① 正四面体は，四つの面が正三角形の三角錐である。

② 正四面体 OABC において，頂点 O から△ABC に垂線 OH を下ろすと点 H は△ABC の外接円の中心になる。

（△OAH，△OBH，△OCH は直角三角形で OA=OB=OC，OH 共通より，合同であるから，AH=BH=CH）

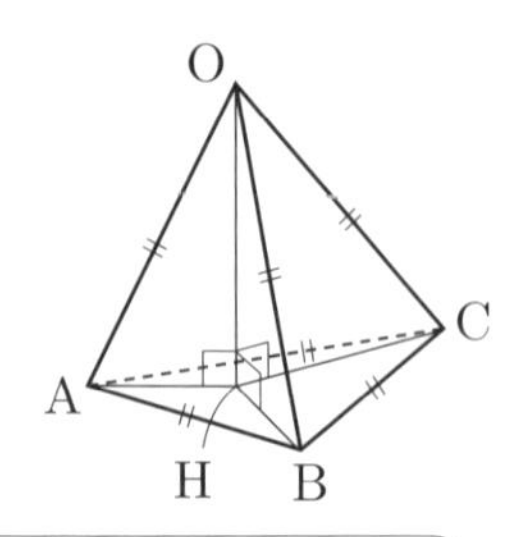

例42 1辺の長さが$\sqrt{3}$である正四面体 OABC において，頂点 O から△ABC に垂線 OH を下ろすとき，次のものを求めよ。

(1) AH の長さ　　(2) OH の長さ

(3) 正四面体 OABC の体積 V

解

(1) AH は△ABC の外接円の半径であるから，正弦定理より ← 外接円の半径を R とすると $\frac{BC}{\sin A}=2R$

$$2AH=\frac{\sqrt{3}}{\sin 60^\circ}=\sqrt{3}\cdot\frac{2}{\sqrt{3}}=2$$

よって，**AH=1**

(2) △OAH は直角三角形であるから，三平方の定理より

$$OA^2=OH^2+AH^2$$

$$3=OH^2+1$$

よって，$OH^2=2$

ゆえに，$\mathbf{OH=\sqrt{2}}$

(3) △ABC の面積 S は ← $S=\frac{1}{2}AB\cdot AC\sin A$

$$S=\frac{1}{2}\cdot\sqrt{3}\cdot\sqrt{3}\cdot\sin 60^\circ=\frac{3\sqrt{3}}{4}$$

よって体積 V は

$$V=\frac{1}{3}\cdot S\cdot OH$$ ← 底面積 S，高さ h の三角錐の体積 V は $V=\frac{1}{3}Sh$

$$=\frac{1}{3}\cdot\frac{3\sqrt{3}}{4}\cdot\sqrt{2}=\frac{\sqrt{6}}{4}$$

問42 1辺の長さが$\sqrt{6}$である正四面体 OABC において，頂点 O から△ABC に垂線 OH を下ろすとき，次のものを求めよ。

(1) AH の長さ　　(2) OH の長さ

(3) 正四面体 OABC の体積 V

解

(1)

(2)

(3)

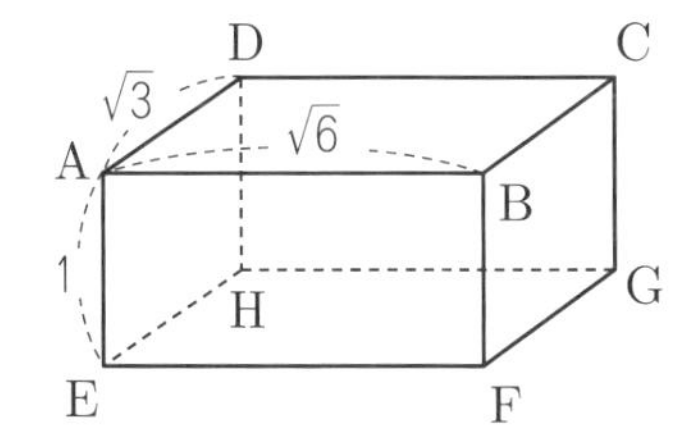

練習62 右図のような直方体 ABCD−EFGH において $\mathrm{AB}=\sqrt{6}$，$\mathrm{AD}=\sqrt{3}$，$\mathrm{AE}=1$ であるとき，次のものを求めよ。

(1)　AC，AF，AH の長さ

(2)　$\angle\mathrm{ACF}=\theta$ とするとき，$\cos\theta$ の値

(3)　$\triangle\mathrm{ACF}$ の面積 S

練習63 右図のような 1 辺の長さが 2 の立方体 ABCD−EFGH において，次のものを求めよ。

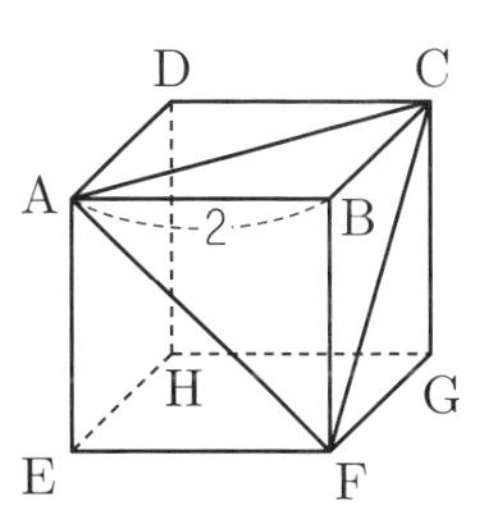

(1)　四面体 ABCF の体積 V

(2)　$\triangle\mathrm{ACF}$ の面積 S

(3)　頂点 B から $\triangle\mathrm{ACF}$ に下ろした垂線の長さ h

43 データの整理

度数分布表，ヒストグラム，相対度数

① 右表は，男子 20 人の体重の測定値を 45kg から 5kg ごとの区間に分けて，その区間に含まれる人数を調べたもので**度数分布表**という。

階級　…区間のこと
階級値…階級の中央の値
度数　…階級に含まれるデータの個数

階級(kg)	階級値(kg)	度数(人)
45以上～50未満	47.5	2
50　～55	52.5	3
55　～60	57.5	7
60　～65	62.5	5
65　～70	67.5	2
70　～75	72.5	1
計		20

② 右下図は，度数分布表をグラフにしたもので，**ヒストグラム**という。

③ **相対度数**

$\dfrac{\text{階級の度数}}{\text{全体の度数}}$ をその階級の**相対度数**という。

たとえば，表の 60kg 以上 65kg 未満の階級の相対度数は，$\dfrac{5}{20}=0.25$となる。

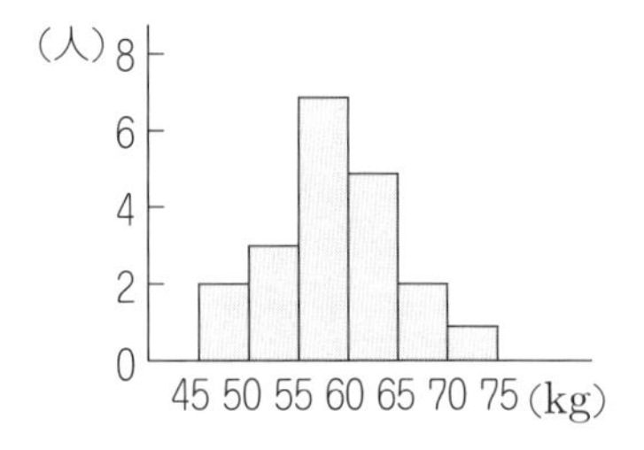

例43 右の度数分布表について，

(1) 度数が最大である階級はどれか。また，その階級値を求めよ。
(2) ヒストグラムをかけ。
(3) 20 以上～24 未満の階級の相対度数を求めよ。

階級	度数
16以上～20未満	2
20　～24	5
24　～28	10
28　～32	7
32　～36	1
計	25

(1) 度数 10 が最大であるから，階級は**24 以上～28 未満**で階級値は **26**← 中央の値 $\dfrac{24+28}{2}$

(2)

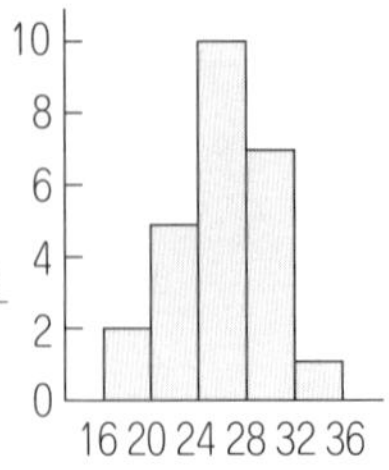

10
8
6
4
2
0
16 20 24 28 32 36

(3) 20 以上～24 未満の度数は 5 であるから

$\dfrac{5}{25}=\mathbf{0.2}$ ← $\dfrac{\text{階級の度数}}{\text{全体の度数}}$

問43 右の度数分布表について，

(1) 度数が最大である階級はどれか。また，その階級値を求めよ。
(2) ヒストグラムをかけ。
(3) 10 以上～20 未満の階級の相対度数を求めよ。

階級	度数
0以上～10未満	4
10　～20	12
20　～30	16
30　～40	6
40　～50	2
計	40

解

(1)

(2)

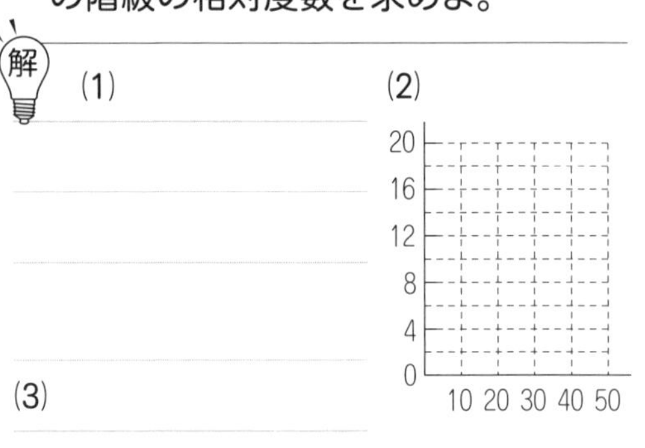

(3)

練習64 下のデータは，生徒 20 人の身長の測定値（単位は cm）である。

172.1 165.3 158.2 174.2 155.3 173.7 163.4 154.1 176.6 161.3
175.8 152.7 176.6 167.9 166.8 177.5 166.4 173.9 171.9 156.5

(1) 上のデータを次の度数分布表に整理せよ。

階級 (cm)	階級値 (cm)	度数 (人)	相対度数
175.0 以上 ～180.0 未満			
170.0 ～175.0			
165.0 ～170.0			
160.0 ～165.0			
155.0 ～160.0			
150.0 ～155.0			
計		20	1

(2) (1)の度数分布表をヒストグラムで表せ。

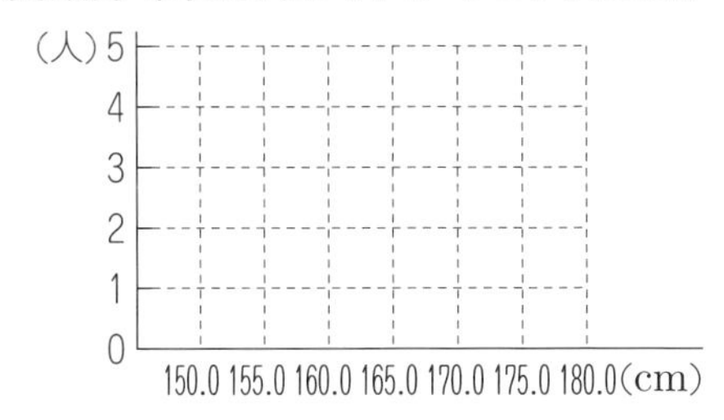

練習65 右の表は，2 つの学校のあるクラスの数学の得点をまとめたものである。

(1) 61 点以上～70 点以下の階級における人数の割合は，A 校，B 校のどちらの方が大きいか。

(2) 71 点以上の人数の割合は，A 校，B 校のどちらが大きいか。

階級 (点)	度数（人） A 校	度数（人） B 校
1点 以上 ～ 10 点 以下	0	1
11 ～ 20	2	1
21 ～ 30	1	2
31 ～ 40	3	3
41 ～ 50	4	5
51 ～ 60	6	12
61 ～ 70	12	14
71 ～ 80	7	5
81 ～ 90	3	4
91 ～100	2	3
計	40	50

44 代表値

平均値，中央値，最頻値

① 平均値…データの値の総和をデータの個数で割った値

② 中央値（メジアン）…データを値の大きさの順に並べたときの中央の値

データの個数が{奇数→中央の値／偶数→中央の2つの値の平均値

奇数のとき　○○○●○○○（↑中央値）
偶数のとき　○○○●●○○○（この2つの平均値＝中央値）

③ 最頻値（モード）…度数が最も大きいデータの値

例44 12人の生徒の1ヵ月の読書冊数を調べたら

3，2，6，0，4，1，5，2，
4，1，3，2（冊）

であった。次の値を求めよ。

(1) 平均値
(2) 中央値
(3) 最頻値

解

(1) 平均値は

$$\frac{3+2+6+0+4+1+5+2+4+1+3+2}{12}$$

$$=\frac{33}{12}=\frac{11}{4}=\mathbf{2.75}\text{（冊）}$$ ← $\frac{\text{データの値の総和}}{\text{データの個数}}$

(2) データを小さい順に並べると

0，1，1，2，2，2，3，3，4，4，5，6

となり，中央の2つの値は2と3であるから，中央値は

（↖12個のデータがあるから6番目と7番目を調べる）

$$\frac{2+3}{2}=\mathbf{2.5}\text{（冊）}$$ ← 中央の2つの平均値

(3) 度数分布表は，次のようになるから

冊数	0	1	2	3	4	5	6	計
度数	1	2	3	2	2	1	1	12

最頻値は，**2（冊）**

↖最も大きい度数は3であるから，その冊数が最頻値

問44 8人の生徒の1ヵ月の読書時間を調べたら

4，3，5，5，2，8，4，5
（時間）

であった。次の値を求めよ。

(1) 平均値
(2) 中央値
(3) 最頻値

解

(1)

(2)

(3)

練習66 7 人の生徒の体重が

55, 52, 56, 54, 47, 52, 54（kg）

であるとき，次の値を求めよ。ただし，小数第 2 位を四捨五入せよ。

(1) 平均値　　(2) 中央値

練習67 右の表は，東京の 4 月の毎日の日照時間をまとめたものである。1 つの階級に入っているデータの値はすべてその階級値とみなして，平均値を求めよ。ただし，小数第 2 位を四捨五入せよ。

階　級（時間）	階級値（時間）	度　数（日）
12以上～14未満	13	3
10　～12	11	5
8　～10	9	6
6　～8	7	4
4　～6	5	3
2　～4	3	3
0　～2	1	6
計		30

練習68 6 個の自然数のデータ 2, 3, 3, 6, 8, x について，次の各問いに答えよ。

(1) 平均値が 4 となる x の値を求めよ。

(2) 中央値が 4 となる x の値を求めよ。

ヒント　$x \leqq 3$, $4 \leqq x \leqq 5$, $6 \leqq x$ の場合に分けて考える

45 データの散らばり (1)

四分位数，四分位範囲，四分位偏差，箱ひげ図

① データを値の小さい順に並べたとき
中央値を**第 2 四分位数**,
左半分のデータの中央値を**第 1 四分位数**,
右半分のデータの中央値を**第 3 四分位数**
といい，まとめて**四分位数**という。

15個のデータを小さい順に並べたとき
○○○●○○○●○○○●○○○
□の中央値 ＝ 第1四分位数　中央値 ＝ 第2四分位数　□の中央値 ＝ 第3四分位数
四分位数

② **範囲＝(最大値)－(最小値)**
四分位範囲＝(第 3 四分位数)－(第 1 四分位数) ← 中央値から離れていると大きくなるのでデータの散らばり具合を表す数値になる

③ **箱ひげ図**
最小値　第1四分位数　第2四分位数(中央値)　第3四分位数　最大値
四分位範囲
範囲
平均値を表す＋(記入しないこともある)

④ **外れ値　データの他の値から極端に離れた値**
外れ値は通常，第 1 四分位数より四分位範囲の 1.5 倍以上小さい値，あるいは，第 3 四分位数より四分位範囲の 1.5 倍以上大きい値とされる。

例45 15 人の体重のデータを小さい順に並べると
44，47，49，49，50，51，52，52，
53，53，54，56，59，61，62 (kg)
であるとき，次の各問いに答えよ。
(1) 四分位数を求めよ。
(2) 範囲，四分位範囲を求めよ。
(3) 箱ひげ図をかけ。ただし，平均値は記入しなくてよい。

解
(1) 第 1 四分位数は，左側 7 個のデータの中央値であるから，**49** (kg) ← 左から4番目のデータ
第 2 四分位数は，**52** (kg) ← 中央値であるから8番目のデータ
第 3 四分位数は，右側 7 個のデータの中央値であるから，**56** (kg) ← 右から4番目のデータ
(2) 範囲は，62－44＝**18** (kg) ← (最大値)－(最小値)
四分位範囲は，56－49＝**7** (kg) ← (第3四分位数)－(第1四分位数)
(3)

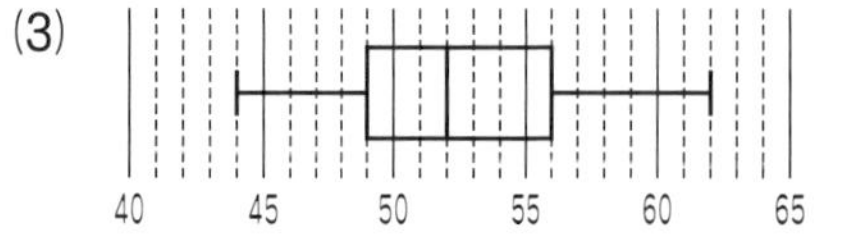

問45 11 人の身長のデータを小さい順に並べると
150，152，154，155，156，157，
158，159，161，163，167 (cm)
であるとき，次の各問いに答えよ。
(1) 四分位数を求めよ。
(2) 範囲，四分位範囲を求めよ。
(3) 箱ひげ図をかけ。ただし，平均値は記入しなくてよい。

解
(1)

(2)

(3)

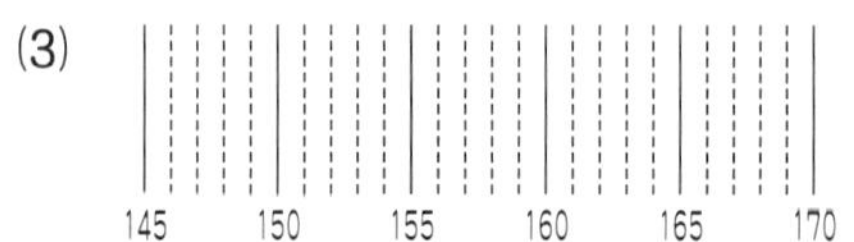

第5章 データの分析

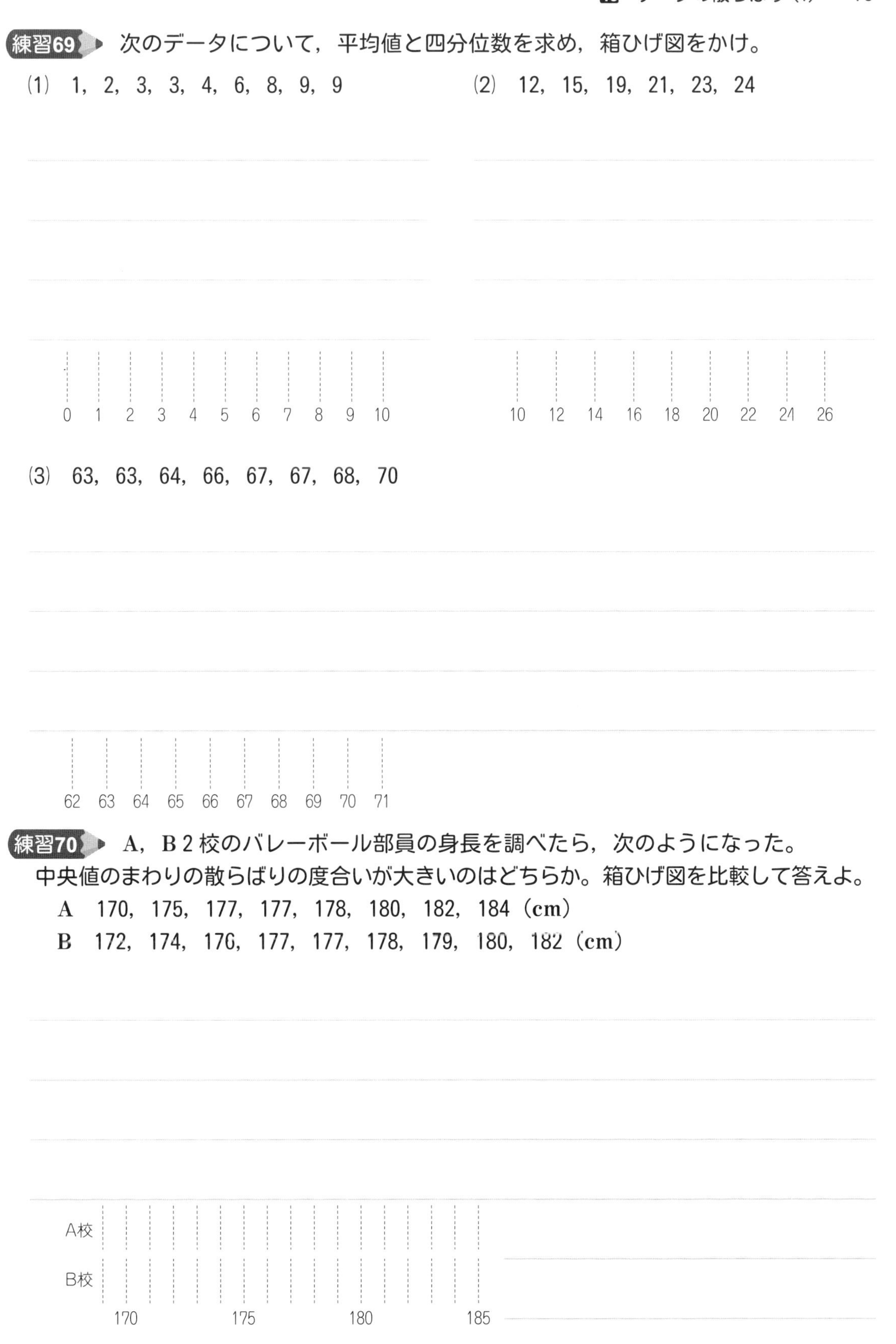

練習69 次のデータについて，平均値と四分位数を求め，箱ひげ図をかけ。

(1) 1, 2, 3, 3, 4, 6, 8, 9, 9

(2) 12, 15, 19, 21, 23, 24

(3) 63, 63, 64, 66, 67, 67, 68, 70

練習70 A，B 2 校のバレーボール部員の身長を調べたら，次のようになった。中央値のまわりの散らばりの度合いが大きいのはどちらか。箱ひげ図を比較して答えよ。

A　170, 175, 177, 177, 178, 180, 182, 184 (cm)

B　172, 174, 176, 177, 177, 178, 179, 180, 182 (cm)

第5章 データの分析

46 データの散らばり (2)

偏差，分散，標準偏差

① 偏差…(データの値)−(平均値)

② 分散…偏差の2乗の平均値，s^2 で表す。

$$s^2=\frac{(\text{偏差})^2\text{の和}}{(\text{データの個数})}$$

③ 標準偏差…分散の正の平方根，s で表す。

$$s=\sqrt{(\text{分散})}$$

これらは，平均値から離れているほど大きくなるので，データの散らばり具合を表す数値になる。

例46 下表は6人の生徒の数学と国語の小テストの得点である。

数学	6	10	7	6	9	4
国語	8	5	10	10	8	7

(点)

(1) 数学について，平均値，分散，標準偏差を求めよ。

(2) 国語について，分散を求めよ。

(3) 数学と国語のどちらの方が平均値からのばらつきが大きいか。

解 (1) 数学の得点の平均値は

$$\frac{6+10+7+6+9+4}{6}=\frac{42}{6}=\mathbf{7}\ (\text{点})$$

よって，偏差はそれぞれ ←(データの値)−(平均値)

−1，3，0，−1，2，−3

となるから，分散は ←偏差の2乗の平均値を求める

$$\frac{(-1)^2+3^2+0^2+(-1)^2+2^2+(-3)^2}{6}=\frac{24}{6}=\mathbf{4}$$

ゆえに，標準偏差は

$\sqrt{4}=\mathbf{2}$ (点)　↖$\sqrt{\text{分散}}$ を求める

(2) 国語の得点の平均値は

$$\frac{8+5+10+10+8+7}{6}=\frac{48}{6}=8\ (\text{点})$$

より，分散は ←偏差の2乗の平均値を求める

$$\frac{0^2+(-3)^2+2^2+2^2+0^2+(-1)^2}{6}=\frac{18}{6}=\mathbf{3}$$

(3) 数学と国語の分散の値を比較すると

4>3 より**数学の方がばらつきが大きい。**

問46 下表は5人の生徒の数学と英語の試験の得点である。

数学	74	72	78	70	81
英語	83	76	75	84	82

(点)

(1) 数学について，平均値，分散，標準偏差を求めよ。

(2) 英語について，分散を求めよ。

(3) 数学と英語のどちらの方が平均値からのばらつきが大きいか。

解 (1)

(2)

(3)

練習71 A 班と B 班の班員は，それぞれ 5 人と 8 人である。10 問のクイズに答えたところ，正答数は，

A 班　3，6，10，10，6（問）　B 班　9，8，3，10，7，2，9，8（問）

であった。次の各問いに答えよ。

(1) A 班，B 班について，平均値と分散を求めよ。

(2) A 班と B 班のどちらの方が平均値からのばらつきが大きいか。

練習72 10 個の自然数からなるデータがある。これらの平均値が 10，標準偏差が 2 であるとき，a，b の値を求めよ。ただし，$a<b$ とする。

13，9，a，12，9，13，11，b，8，9

練習73 5 つのデータ 1，5，6，3，5 について，次の各問いに答えよ。

(1) 平均値 $\overline{x}$ と分散 s^2 を求めよ。

(2) データのそれぞれの値を 2 乗したものの平均値を $\overline{x^2}$ とするとき，$\overline{x^2}$ を求めよ。

(3) $\overline{x^2}-(\overline{x})^2$ が分散 s^2 の値に等しくなることを確かめよ。

47 データの相関

散布図，相関関係，共分散，相関係数

① **散布図**…身長と体重の関係や小テストと定期テストの関係など2つの変量 x，y の間の関係をそれぞれの値を座標とする点 $(x,\ y)$ として平面上にとった図。

② **相関関係**…2つの変量について

(i) 一方が増えると他方も増える傾向があるとき，**正の相関**がある

(ii) 一方が増えると他方は減る傾向があるとき，**負の相関**がある

(iii) どちらの傾向もないときは，**相関がない**，という。

注　2つの変量の間に相関関係があっても，必ずしも因果関係（一方が原因で，他方がその結果である関係）があるとは限らない。

y 正の相関関係 x

y 負の相関関係 x

y 相関関係がない x

③ 2つの変量 x，y の n 個のデータが $(x_1,\ y_1)$，$(x_2,\ y_2)$，…，$(x_n,\ y_n)$ と表され，変量 x，y の平均値をそれぞれ $\overline{x}$，$\overline{y}$，標準偏差をそれぞれ s_x，s_y で表すとする。このとき，x の偏差，$x_k-\overline{x}$ と y の偏差 $y_k-\overline{y}$ の積の平均値を**共分散**といい，s_{xy} で表す。

$$s_{xy}=\frac{1}{n}\{(x_1-\overline{x})(y_1-\overline{y})+(x_2-\overline{x})(y_2-\overline{y})+\cdots+(x_n-\overline{x})(y_n-\overline{y})\}$$

④ 共分散を x，y の標準偏差の積 $s_x s_y$ で割った値を**相関係数**といい，r で表す。

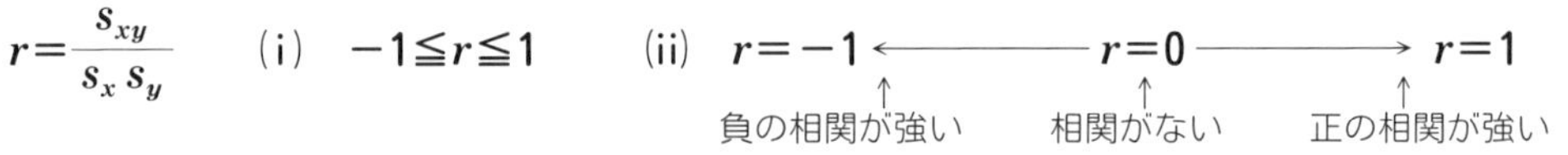

$r=\dfrac{s_{xy}}{s_x s_y}$　(i) $-1\leqq r\leqq 1$　(ii) $r=-1$ ←――― $r=0$ ―――→ $r=1$

例47 下表は5人の生徒の国語と英語の小テストの成績である。次を求めよ。

生　徒	A	B	C	D	E	平均値	分散
国語(x 点)	8	10	9	7	6	8	2
英語(y 点)	7	8	9	5	6	7	2

(1) 共分散 s_{xy}　(2) 相関係数 r

解 (1) 国語，英語の偏差とその積は，

国語$(x-\overline{x})$	0	2	1	−1	−2
英語$(y-\overline{y})$	0	1	2	−2	−1
$(x-\overline{x})(y-\overline{y})$	0	2	2	2	2

よって，共分散 s_{xy} は

$$s_{xy}=\frac{1}{5}(0+2+2+2+2)=\frac{8}{5}=\mathbf{1.6}$$

(2) 国語，英語の標準偏差 s_x，s_y は　←標準偏差 $=\sqrt{分散}$

$s_x=\sqrt{2}$，$s_y=\sqrt{2}$ より，相関係数 r は

$$r=\frac{8}{5}\cdot\frac{1}{\sqrt{2}\sqrt{2}}=\frac{4}{5}=\mathbf{0.8}$$　←$r=\dfrac{s_{xy}}{s_x s_y}$　正の相関がある

問47 下表は5人の生徒の古典と数学の小テストの成績である。次を求めよ。

生　徒	A	B	C	D	E	平均値	分散
古典(x 点)	8	7	10	6	4	7	4
数学(y 点)	7	5	6	8	9	7	2

(1) 共分散 s_{xy}　(2) 相関係数 r

解 (1)

(2)

第5章　データの分析

練習74 次の 2 つの変量 x，y について，下表を利用して x と y の相関係数を求めよ。

	A	B	C	D	E	計		
x	7	10	16	4	13		平均 $\overline{x}$	
y	10	6	9	8	7		平均 $\overline{y}$	
$x-\overline{x}$								
$y-\overline{y}$								
$(x-\overline{x})^2$								
$(y-\overline{y})^2$								
$(x-\overline{x})(y-\overline{y})$								

練習75 下表は，10 人の生徒の 5 月と 10 月に読んだ本の冊数を調べたものである。次の各問いに答えよ。

生 徒	A	B	C	D	E	F	G	H	I	J
5 月 (x)	5	7	8	9	4	6	3	7	5	6
10 月 (y)	8	7	10	9	4	8	5	7	6	6

（冊）

(1) 散布図をかけ。また，どのような相関関係があると考えられるか。

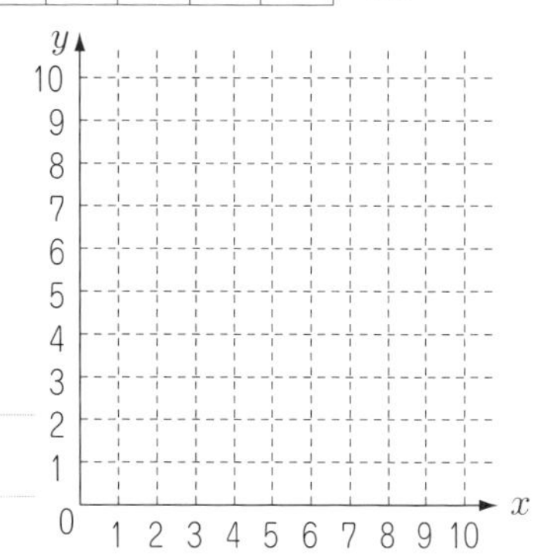

(2) 5 月の読書冊数の平均値 $\overline{x}$，分散 $s_x{}^2$，標準偏差 s_x を求めよ。

(3) 10 月の読書冊数の平均値 $\overline{y}$，分散 $s_y{}^2$，標準偏差 s_y を求めよ。

(4) 共分散 s_{xy} と相関係数 r を求めよ。

48 仮説検定の考え方

仮説検定

仮説が正しいかどうかを，観察された結果が起こる確率にもとづいて判断する方法。

① 主張したい仮説 A に対して，それを否定する仮説 B を考える。

② 仮説 B が正しいとしたとき，観察された結果が得られる確率を調べる。

③ ②で求めた確率が，基準となる確率（0.05 とすることが多い）より小さいとき，仮説Bは誤りで仮説Aが正しいと判断できる。基準となる確率より大きいとき，仮説Bは誤っているとはいえず，このとき仮説Aが正しいとは判断できない。

例48 1枚のコインを5回続けて投げたところ全て表が出た。このコインは表と裏の出方に偏りがあると判断できるか。基準となる確率を 0.05 として考えよ。ただし，公正なコインを5回投げて表の出た回数を記録する実験を 100 回行ったところ次の表のようになったとし，この結果を用いよ。

回数	0	1	2	3	4	5	計
度数	3	14	30	34	17	2	100

解　このコインは表と裏の出方に偏りがないと仮定する。このとき，実験の結果から，表が5回出る確率は $\frac{2}{100}=0.02$

これは 0.05 より小さいので，仮定は成り立たない。よって，このコインは表と裏の出方に**偏りがある**と判断できる。

問48 1枚のコインを5回続けて投げたところ全て裏が出た。このコインは表と裏の出方に偏りがあると判断できるか。基準となる確率を 0.05 として考えよ。ただし，公正なコインを5回投げて表の出た回数を記録する実験を 100 回行った 例48 の表を用いよ。

解

練習76 1枚のコインを10回続けて投げたところ，9回表が出た。このコインは表と裏の出方に偏りがあると判断できるか。基準となる確率を 0.05 として考えよ。ただし，公正なコインを10回投げて表の出た回数を記録する実験を 200 回行ったところ下の表のようになったとし，この結果を用いよ。

回数	0	1	2	3	4	5	6	7	8	9	10	計
度数	1	2	9	23	39	49	41	27	5	3	1	200

ヒント　9回以上表が出る確率を調べる。

高校数学

直接書き込む

やさしい数学Ⅰノート

［三訂版］

別冊解答

旺文社

直接書き込む

やさしい数学Iノート

［三訂版］

別冊解答

旺文社

1 整式

考え方　整式の次数や整式の整理の仕方についての確認をしておこう。

問1

(1)　(順に)　**7，　−3，　4，　$-3ac^2$**　←b に着目したら，a，c は“数”とみなす

(2)　(順に)　**4，　−5，　2**　←多項式の次数は，各項の次数のうち最も高いもの

(3)　$x^3+x^2y-xy+2x^3-3xy=(1+2)x^3+x^2y-(1+3)xy$　←同類項は，文字の部分が同じ項

$=\mathbf{3x^3+x^2y-4xy}$

(4)　$a^2-ab-6b^2+a+7b-2=a^2+\mathbf{(1-b)a-6b^2+7b-2}$　←a の1次の項は，$-ab+a$，これを a でくくる

練習1　(順に)

(1)　**4，　$-\dfrac{1}{2}$，　2，　$-\dfrac{ax}{2}$**　←b に着目したら，a，x は“数”とみなす

(2)　**4，　−4，　3，　x^4-4**　←y に着目したら，x は“数”とみなす

(3)　**$4x^2y$，　$-yx^2$，　$-5y^2x$，　$2xy^2$，　3，　3**　←$x^2y=yx^2$ であるから，$4x^2y$ と $-yx^2$ は同類項

(4)　**x^3-x^2-3**　←x^4 の項はなくなる

(5)　**$k+1$，　$2k+1$，　x^2-2x，　x^2-x-2**　←着目する文字以外は，“数”とみなして整理する

練習2　(1)　$3x^2+2xy-y^2-7x+5y-6$

(i)　x に着目すると，　←x について2次，1次，定数項に分けていく。1次の項 $2xy-7x$ を x でくくって，まとめる

$3x^2+2xy-7x-y^2+5y-6$

$=\mathbf{3x^2+(2y-7)x-y^2+5y-6}$

(ii)　y に着目すると，　←y について，2次，1次，定数項に分けていく。1次の項 $2xy+5y$ を y でくくって，まとめる

$-y^2+2xy+5y+3x^2-7x-6$

$=\mathbf{-y^2+(2x+5)y+3x^2-7x-6}$

(2)　$a^2+b^2-2ab+2bc-2ca$

(i)　a に着目すると，　←a について，2次，1次，定数項に分けていく。1次の項 $-2ab-2ca$ を $-2a$ でくくって，まとめる

$a^2-2ab-2ca+b^2+2bc$

$=\mathbf{a^2-2(b+c)a+b^2+2bc}$

(ii)　c に着目すると，　←c について，1次，定数項に分けていく。1次の項 $2bc-2ca$ を $2c$ でくくって，まとめる

$2bc-2ca+a^2+b^2-2ab$

$=\mathbf{2(b-a)c+a^2+b^2-2ab}$

2 多項式の加法と減法

考え方　同類項でまとめられるか，簡単な式に整理できるかを調べよう。

問2

(1)　$A+B=(x^2+xy+2y^2)+(3x^2-y^2)$

$=x^2+3x^2+xy+2y^2-y^2$　←同類項をまとめる

$=\mathbf{4x^2+xy+y^2}$

(2)　$2A-3C=2(x^2+xy+2y^2)-3(x^2+2xy)$

$=2x^2+2xy+4y^2-3x^2-6xy$　←分配法則で項に分けて，同類項をまとめる

$=2x^2-3x^2+2xy-6xy+4y^2$

$=\mathbf{-x^2-4xy+4y^2}$

(3)　$3(A-B)-2(C-2B+A)$　←まず，A，B，C の式を整理して，簡単な式で表す

$=3A-3B-2C+4B-2A$

$=A+B-2C$

$=(x^2+xy+2y^2)+(3x^2-y^2)-2(x^2+2xy)$　←(1)の結果を利用して $(4x^2+xy+y^2)-2(x^2+2xy)$ を計算してもよい

$=x^2+xy+2y^2+3x^2-y^2-2x^2-4xy$

$=\boldsymbol{2x^2-3xy+y^2}$

練習 3

(1)　$2A-3B$

$=2(-a^2+ab+b^2)-3(2a^2-ab+3b^2)$　←-3 を掛けるとき，符号のミスに注意する

$=-2a^2+2ab+2b^2-6a^2+3ab-9b^2$

$=\boldsymbol{-8a^2+5ab-7b^2}$

(2)　$A-\{B-3(A-B)\}=A-(B-3A+3B)$　←まず，A，B の式を整理して，簡単な式で表す

$=A-(4B-3A)=A-4B+3A$

$=4A-4B=4(A-B)$　←さきに，4 でくくってから代入すると計算が簡単になる

$=4\{(-a^2+ab+b^2)-(2a^2-ab+3b^2)\}$

$=4(-a^2+ab+b^2-2a^2+ab-3b^2)$

$=4(-3a^2+2ab-2b^2)=\boldsymbol{-12a^2+8ab-8b^2}$

3 多項式の乗法

指数法則や分配法則を確認しておこう。

問 3

(1)　$x^4\times x^3=x^{4+3}=\boldsymbol{x^7}$　←$a^m\times a^n=a^{m+n}$

(2)　$(a^2b)^2\times(-ab)^3=(a^2)^2b^2\times(-1)^3a^3b^3$　←$(ab)^n=a^nb^n$

$=a^4b^2\times(-1)a^3b^3$　←$(a^m)^n=a^{m\times n}$

$=-a^{4+3}b^{2+3}=\boldsymbol{-a^7b^5}$　←$a^m\times a^n=a^{m+n}$

(3)　$(3x-2)(x^2-2x-1)$　←$(A+B)C=AC+BC$

$=3x(x^2-2x-1)-2(x^2-2x-1)$

$=3x^3-6x^2-3x-2x^2+4x+2$　←同類項をまとめる

$=\boldsymbol{3x^3-8x^2+x+2}$

練習 4

(1)　$2a^3\times 3a^2=2\times 3\times a^{3+2}=\boldsymbol{6a^5}$　←$a^m\times a^n=a^{m+n}$，係数はまとめる

(2)　$(3ab)^2\times(-a^2b)^3=3^2a^2b^2\times(-1)^3(a^2)^3b^3$　←$(ab)^n=a^nb^n$

$=9a^2b^2\times(-1)a^6b^3$　←$(a^m)^n=a^{m\times n}$

$=-9a^{2+6}b^{2+3}=\boldsymbol{-9a^8b^5}$　←$a^m\times a^n=a^{m+n}$

(3)　$(2x-y)(4x^2+2xy+y^2)$　←$(A+B)C=AC+BC$

$=2x(4x^2+2xy+y^2)-y(4x^2+2xy+y^2)$

$=8x^3+4x^2y+2xy^2-4x^2y-2xy^2-y^3$　←同類項をまとめる

$=\boldsymbol{8x^3-y^3}$

(4)　$(x^2+x-2)(x+2)$　←$A(B+C)=AB+AC$

$=(x^2+x-2)x+(x^2+x-2)\times 2$

$=x^3+x^2-2x+2x^2+2x-4$　←同類項をまとめる

$=\boldsymbol{x^3+3x^2-4}$

4 展開 (1)

展開公式が使えるか，与えられた式の特徴をつかもう。

問 4

(1) $(3x-1)^2=(3x)^2-2\cdot 3x\cdot 1+1^2$
$=\mathbf{9x^2-6x+1}$

← $(a-b)^2=a^2-2ab+b^2$

(2) $(x-2y)(x+2y)=x^2-(2y)^2$
$=\mathbf{x^2-4y^2}$

← $(a+b)(a-b)=a^2-b^2$
x^2-2y^2 ではないので注意！

(3) $(x+1)(x-3)=x^2+(1-3)x+1\cdot(-3)$
$=\mathbf{x^2-2x-3}$

← $(x+a)(x+b)=x^2+(a+b)x+ab$

(4) $(2a-5)(4a-1)=8a^2+(-2-20)a-5\cdot(-1)$
$=\mathbf{8a^2-22a+5}$

← $(ax+b)(cx+d)$
$=acx^2+(ad+bc)x+bd$

練習 5

(1) $(3x+2)^2=(3x)^2+2\cdot 3x\cdot 2+2^2$
$=\mathbf{9x^2+12x+4}$

← $(a+b)^2=a^2+2ab+b^2$

(2) $(2a-b)(2a+b)=(2a)^2-b^2$
$=\mathbf{4a^2-b^2}$

← $(a+b)(a-b)=a^2-b^2$

(3) $(x+2y)(x-y)=x^2+(-1+2)xy-2y^2$
$=\mathbf{x^2+xy-2y^2}$

← $(x+a)(x+b)=x^2+(a+b)x+ab$
$a=2y$，$b=-y$ とする

(4) $(3x+y)(2x-3y)=6x^2+(-9+2)xy-3y^2$
$=\mathbf{6x^2-7xy-3y^2}$

← $(ax+b)(cx+d)$
$=acx^2+(ad+bc)x+bd$
$b=y$，$d=-3y$ とする

5 展開 (2)

公式が使えるように，おきかえや組合せを工夫しよう。

問 5

(1) $x-y=X$ とおくと，

← おきかえて，公式を利用する

$(x-y+z)^2=(X+z)^2$
$=X^2+2Xz+z^2$
$=(x-y)^2+2(x-y)z+z^2$
$=x^2-2xy+y^2+2xz-2yz+z^2$
$=\mathbf{x^2+y^2+z^2-2xy-2yz+2zx}$

← X をもとにもどす

(2) $a+b=X$ とおくと，

← おきかえて，公式を利用する

$(a+b-2)(a+b+4)=(X-2)(X+4)$
$=X^2+2X-8$
$=(a+b)^2+2(a+b)-8$
$=\mathbf{a^2+2ab+b^2+2a+2b-8}$

← X をもとにもどす

(3) $(x-y)^2(x+y)^2=\{(x-y)(x+y)\}^2$
$=(x^2-y^2)^2$
$=\mathbf{x^4-2x^2y^2+y^4}$

← 組合せを変えて，$(x-y)(x+y)$ を先に計算する。
$a^2b^2=(ab)^2$ を利用

練習 6

(1) $a+c=X$ とおくと，

$(a+b+c)(a-b+c)=(X+b)(X-b)=X^2-b^2$
$=(a+c)^2-b^2$
$=\boldsymbol{a^2+2ac+c^2-b^2}$

←おきかえて，公式を利用する

(2)　$(x-1)(x-3)(x+1)(x+3)$
$=(x-1)(x+1)\times(x-3)(x+3)$
$=(x^2-1)(x^2-9)$
$=\boldsymbol{x^4-10x^2+9}$

←組合せを変えて，$(a+b)(a-b)=a^2-b^2$ の公式を利用できるようにする

6 因数分解 (1)

共通因数でくくれるか，因数分解の公式を使えるか，与えられた式の特徴をつかもう。

問 6

(1)　$4a^2+12ab=4a\cdot a+4a\cdot 3b=\boldsymbol{4a(a+3b)}$　←与式に共通因数 $4a$ があり，くくれる

(2)　$a^2+8a+16=a^2+2\cdot a\cdot 4+4^2=\boldsymbol{(a+4)^2}$　←$a^2+2ab+b^2=(a+b)^2$ の形

(3)　$x^2-36=x^2-6^2=\boldsymbol{(x+6)(x-6)}$　←(2 乗)－(2 乗) に変形して，$a^2-b^2=(a+b)(a-b)$

練習 7

(1)　$x^2y+xy^3=xy\cdot x+xy\cdot y^2=\boldsymbol{xy(x+y^2)}$　←与式に共通因数 xy があり，くくれる

(2)　$x^2+12x+36=x^2+2\cdot x\cdot 6+6^2=\boldsymbol{(x+6)^2}$　←$a^2+2ab+b^2=(a+b)^2$ の形

(3)　$a^2-4b^2=a^2-(2b)^2=\boldsymbol{(a+2b)(a-2b)}$　←(2 乗)－(2 乗) に変形して，$a^2-b^2=(a+b)(a-b)$

(4)　$a(x+y)-b(x+y)=\boldsymbol{(a-b)(x+y)}$　←与式に共通因数 $x+y$ があり，くくれる

(5)　$9x^2+12x+4=(3x)^2+2\cdot 3x\cdot 2+2^2=\boldsymbol{(3x+2)^2}$　←$a^2+2ab+b^2=(a+b)^2$ の形

(6)　$x^2-4xy+4y^2=x^2-2\cdot x\cdot 2y+(2y)^2=\boldsymbol{(x-2y)^2}$　←$a^2-2ab+b^2=(a-b)^2$ の形

7 因数分解 (2)

たすき掛けの計算で分解式の係数 a，c と定数 b，d を求める。乗法公式 $(ax+b)(cx+d)=acx^2+(ad+bc)x+bd$ の逆を考えるのがたすき掛け。積の ac，bd からそれぞれ 2 数をさがす。

a	$b \longrightarrow$	bc
c	$d \longrightarrow$	ad
ac	bd	$bc+ad$

問 7

(1)　$x^2+2x-15=x^2+(5-3)x+5\cdot(-3)$
$=\boldsymbol{(x+5)(x-3)}$

←$x^2+(a+b)x+ab=(x+a)(x+b)$

(2)　右の計算より，
$3x^2+5x-2=\boldsymbol{(x+2)(3x-1)}$

1	$2 \longrightarrow$	6
3	$-1 \longrightarrow$	-1
3	-2	5

←x^2 の係数 3，定数項 -2 から a，c と b，d の候補を考え，$bc+ad=5$ となるものをさがす

練習 8

(1)　$x^2+12x+32=x^2+(4+8)x+4\cdot 8$
$=\boldsymbol{(x+4)(x+8)}$

←掛けて 32，たして 12 の 2 整数は 4 と 8

(2)　右の計算より，
$2x^2+3x+1=\boldsymbol{(x+1)(2x+1)}$

1	$1 \longrightarrow$	2
2	$1 \longrightarrow$	1
2	1	3

←掛けて 2 となる 2 整数，掛けて 1 となる 2 整数，x の係数 3 となる組合せは？

(3)　右の計算より，
$3x^2-10x+3=\boldsymbol{(x-3)(3x-1)}$

1	$-3 \longrightarrow$	-9
3	$-1 \longrightarrow$	-1
3	3	-10

←定数 3 の b，d の候補は 1，3 の他に -1，-3 もある

(4)　右の計算より，
$6x^2-11x+3=$ **$(2x-3)(3x-1)$**

2	-3 →	-9
3	-1 →	-2
6	3	-11

← x^2 の係数 6 から a，c は 1，6 と 2，3 の候補がある。たすき掛けでさがす

(5)　右の計算より，
$9x^2-21x+10=$ **$(3x-2)(3x-5)$**

3	-2 →	-6
3	-5 →	-15
9	10	-21

← 係数 9 から 1，9 と 3，3，定数 10 から 1，10 と 2，5 と -1，-10 と -2，-5 の候補がある

(6)　$12x^2+3x-15=3(4x^2+x-5)$
右の計算より，
$12x^2+3x-15=$ **$3(x-1)(4x+5)$**

1	-1 →	-4
4	5 →	5
4	-5	1

← 3 でくくれる。小さい数にして候補を少なくする

8　因数分解 (3)

複雑な式は，おきかえたり，次数の低い文字やひとつの文字について整理したり，工夫しよう。

問 8

(1)　$x-2y=X$ とおくと，$(x-2y)^2+(x-2y)-2$
$=X^2+X-2=(X+2)(X-1)=$ **$(x-2y+2)(x-2y-1)$**

← $x-2y$ が第 1，2 項にあるので，X でおきかえる

(2)　$x^2+xy-x+y-2=(x+1)y+(x^2-x-2)$
$=(x+1)y+(x+1)(x-2)$
$=(x+1)(y+x-2)=$ **$(x+1)(x+y-2)$**

← x，y の次数は，それぞれ 2，1 であるから，低い次数の y で整理する
← $x+1$ が共通因数として現れるので，くくる

(3)　$x^2+4xy+3y^2+x+5y-2$
$=x^2+(4y+1)x+(3y^2+5y-2)$

1	2 →	6
3	-1 →	-1
3	-2	5

$=x^2+(4y+1)x+(y+2)(3y-1)$

1	$y+2$ →	$y+2$
1	$3y-1$ →	$3y-1$
1	$(y+2)(3y-1)$	$4y+1$

= **$(x+y+2)(x+3y-1)$**

← x，y の次数はどちらも 2 であるので，1 つの文字 x の降べきの順に整理してみる
← y の 2 次式を，たすき掛けで因数分解
← x の 2 次式として，たすき掛けで因数分解

練習 9

(1)　$a^2=X$ とおくと，
$a^4-16=X^2-16=(X+4)(X-4)$
$=(a^2+4)(a^2-4)$
= **$(a^2+4)(a+2)(a-2)$**

← $a^4=(a^2)^2$ より a^2 を X とおきかえて，因数分解
← ここで止めないこと，a^2-4 は因数分解できる

(2)　$y+z=X$ とおくと，
$x^2-(y+z)^2=x^2-X^2=(x+X)(x-X)$
= **$(x+y+z)(x-y-z)$**

← $y+z$ を X でおきかえて，因数分解

(3)　$x^2=X$ とおくと，
$x^4-3x^2-4=X^2-3X-4=(X-4)(X+1)$
$=(x^2-4)(x^2+1)$
= **$(x+2)(x-2)(x^2+1)$**

← $x^2=X$ とおくと，$x^4=(x^2)^2=X^2$
← ここで止めないこと，x^2-4 は因数分解できる

(4)　$x^2+x=X$ とおくと，
$(x^2+x)^2-6(x^2+x)=X^2-6X=X(X-6)=(x^2+x)(x^2+x-6)$
$=\boldsymbol{x(x+1)(x+3)(x-2)}$

←各項に x^2+x があるので，X でおきかえる
←ここで止めないこと

(5)　$x^2-xy+2y-4=y(-x+2)+(x^2-4)$
$=-y(x-2)+(x+2)(x-2)$
$=(x-2)(-y+x+2)=\boldsymbol{(x-2)(x-y+2)}$

←x，y の次数はそれぞれ 2，1 であるから，次数の低い y で整理する

(6)　$a^2+b^2+2ab+bc+ca=(a+b)c+(a^2+2ab+b^2)$
$=(a+b)c+(a+b)^2=(a+b)(c+a+b)=\boldsymbol{(a+b)(a+b+c)}$

←a，b，c の次数はそれぞれ 2，2，1 であるから，次数の低い c で整理する

(7)　$2x^2-xy-3y^2+5y-2=2x^2-yx-(3y^2-5y+2)$
$=2x^2-yx-(y-1)(3y-2)$

1	╲╱	$y-1$	⟶	$2y-2$
2	╱╲	$-(3y-2)$	⟶	$-3y+2$
2		$-(y-1)(3y-2)$		$-y$

←
1	╲╱	-1	⟶	-3
3	╱╲	-2	⟶	-2
3		2		-5

$=(x+y-1)\{2x-(3y-2)\}$
$=\boldsymbol{(x+y-1)(2x-3y+2)}$

(8)　$3x^2-7xy+2y^2+2x+y-1=3x^2+(-7y+2)x+(2y^2+y-1)$
$=3x^2+(-7y+2)x+(y+1)(2y-1)$

1	╲╱	1	⟶	2
2	╱╲	-1	⟶	-1
2		-1		1

←$(y+1)(2y-1)$ は $-(y+1)$ と $-(2y-1)$ の積とみなすこともできる

1	╲╱	$-(2y-1)$	⟶	$-6y+3$
3	╱╲	$-(y+1)$	⟶	$-y-1$
3		$(y+1)(2y-1)$		$-7y+2$

$=\boldsymbol{(x-2y+1)(3x-y-1)}$

9　実　数

考え方　**循環小数を分数で表すためには，循環部分の長さが n ならば 10^n を掛けて引き，循環部分をなくす。**

(1)　割り算をして，$\dfrac{14}{9}=14\div9=1.55\cdots=\boldsymbol{1.\dot{5}}$

←小数第 1 位から 5 が繰り返される

(2)　$x=3.\dot{3}\dot{6}$ とおくと，
$x=3.3636\cdots$　…①，$100x=336.3636\cdots$　…②
②−①より，$99x=333$　　$x=\dfrac{333}{99}=\boldsymbol{\dfrac{37}{11}}$

←循環部分は 36 であるから，$10^2=100$ 倍する

練習10

(1)　$\dfrac{8}{33}=8\div33=0.2424\cdots=\boldsymbol{0.\dot{2}\dot{4}}$

←小数第 1 位から 24 が繰り返される

(2)　$\dfrac{6}{55}=6\div55=0.10909\cdots=\boldsymbol{0.1\dot{0}\dot{9}}$

←小数第 2 位から 09 が繰り返される

(3)　$x=0.\dot{6}\dot{3}$ とおくと，
$x=0.6363\cdots$　…①，$100x=63.6363\cdots$　…②
②−①より，$99x=63$　　$x=\dfrac{63}{99}=\boldsymbol{\dfrac{7}{11}}$

←循環部分は 63 であるから，$10^2=100$ 倍する

(4)　$x=0.\dot{3}2\dot{4}$ とおくと，
$x=0.324324\cdots$　…①，$1000x=324.324324\cdots$　…②
②−①より，$999x=324$　　$x=\dfrac{324}{999}=\boldsymbol{\dfrac{12}{37}}$

←循環部分は 324 であるから，$10^3=1000$ 倍する

10 絶対値

$|a|$ は数直線上で原点から a を表す点までの距離として考える。

問10 (1)　$AB=|(-2)-1|=|-3|=\mathbf{3}$　←2点A，Bの距離は，座標の差の絶対値

(2) (i)　$\boldsymbol{x=\pm 4}$　←原点からの距離が4

(ii)　$x+2=X$ とおくと，$|X|=3$ より $X=\pm 3$　←おきかえると(i)のパターンになる

よって，$x+2=\pm 3$　　$x=\pm 3-2$

したがって，$\boldsymbol{x=1,\ -5}$　←3−2と−3−2を計算する

練習11 (1) (i)　$AB=|3-(-2)|=|5|=\mathbf{5}$　←AB=(座標の差の絶対値)

(ii)　$AB=|-5-(-2)|=|-5+2|=|-3|=\mathbf{3}$　←$AB=|-2-(-5)|$ としてもよい

(2) (i)　$x+3=X$ とおくと，$|X|=1$ より $X=\pm 1$　←おきかえると原点からの距離になる

よって，$x+3=\pm 1$　　$x=\pm 1-3$　←慣れてきたら，おきかえないでここから始めよう

したがって，$\boldsymbol{x=-2,\ -4}$

(ii)　$2x-1=X$ とおくと，$|X|=5$ より $X=\pm 5$

よって，$2x-1=\pm 5$　　$2x=\pm 5+1$

$2x=6,\ -4$

したがって，$\boldsymbol{x=3,\ -2}$

別解 (ア) $x+3\geqq 0$ すなわち $x\geqq -3$ のとき
$|x+3|=x+3$ であるから，
$x+3=1$ より $x=-2$（$x\geqq -3$ を満たす）
(イ) $x+3<0$ すなわち $x<-3$ のとき
$|x+3|=-(x+3)$ であるから，
$-(x+3)=1$，$x+3=-1$ より
$x=-4$（$x<-3$ を満たす）

11 平方根の計算

分母が $\sqrt{a}+\sqrt{b}$ である式の有理化は，$(\sqrt{a}+\sqrt{b})(\sqrt{a}-\sqrt{b})=a-b$ となることを利用する。

問11

(1) (i)　$2\sqrt{18}+\sqrt{32}-3\sqrt{8}=2\sqrt{3^2\times 2}+\sqrt{4^2\times 2}-3\sqrt{2^2\times 2}$　←$k>0$ のとき，$\sqrt{k^2a}=k\sqrt{a}$

$=2\times 3\sqrt{2}+4\sqrt{2}-3\times 2\sqrt{2}=6\sqrt{2}+4\sqrt{2}-6\sqrt{2}=\mathbf{4\sqrt{2}}$

(ii)　$(\sqrt{5}-\sqrt{2})^2=(\sqrt{5})^2-2\sqrt{5}\sqrt{2}+(\sqrt{2})^2$　←$(a-b)^2=a^2-2ab+b^2$ の公式

$=5-2\sqrt{10}+2=\mathbf{7-2\sqrt{10}}$

(2) (i)　$\dfrac{\sqrt{3}-1}{\sqrt{2}}=\dfrac{(\sqrt{3}-1)\sqrt{2}}{\sqrt{2}\sqrt{2}}=\mathbf{\dfrac{\sqrt{6}-\sqrt{2}}{2}}$　←分母・分子に $\sqrt{2}$ を掛ける

(ii)　$\dfrac{\sqrt{3}}{2+\sqrt{3}}=\dfrac{\sqrt{3}(2-\sqrt{3})}{(2+\sqrt{3})(2-\sqrt{3})}$　←分母・分子に $2-\sqrt{3}$ を掛ける

$=\dfrac{2\sqrt{3}-3}{2^2-(\sqrt{3})^2}=\dfrac{2\sqrt{3}-3}{4-3}=\mathbf{2\sqrt{3}-3}$　←分母は $(a+b)(a-b)=a^2-b^2$ の公式

練習12

(1)　$\sqrt{20}-\sqrt{80}+\sqrt{45}=\sqrt{2^2\times 5}-\sqrt{4^2\times 5}+\sqrt{3^2\times 5}$　←$k>0$ のとき，$\sqrt{k^2a}=k\sqrt{a}$

$=2\sqrt{5}-4\sqrt{5}+3\sqrt{5}=\mathbf{\sqrt{5}}$

(2)　$\sqrt{3}(\sqrt{2}+2\sqrt{3}-\sqrt{6})=\sqrt{3}\sqrt{2}+2\sqrt{3}\sqrt{3}-\sqrt{3}\sqrt{6}$　←分配法則 $a(b+c+d)=ab+ac+ad$

$=\sqrt{6}+2\times 3-\sqrt{3^2\times 2}=\mathbf{\sqrt{6}-3\sqrt{2}+6}$　←$\sqrt{3}\sqrt{6}=\sqrt{3\times 6}=\sqrt{3\times 3\times 2}$

(3)　$(\sqrt{5}+2)^2=(\sqrt{5})^2+2\sqrt{5}\times 2+2^2$　←$(a+b)^2=a^2+2ab+b^2$ の公式

$=5+4\sqrt{5}+4=\mathbf{9+4\sqrt{5}}$

(4)　$(\sqrt{3}-1)(2\sqrt{2}-\sqrt{6})=2\sqrt{2}\sqrt{3}\quad\sqrt{3}\sqrt{6}-2\sqrt{2}+\sqrt{6}$　←分配法則 $(a+b)(c+d)$

$=2\sqrt{6}-3\sqrt{2}-2\sqrt{2}+\sqrt{6}=\mathbf{3\sqrt{6}-5\sqrt{2}}$　$=a(c+d)+b(c+d)=ac+ad+bc+bd$

練習13 (1) $\dfrac{6}{\sqrt{12}}=\dfrac{6}{2\sqrt{3}}=\dfrac{3}{\sqrt{3}}=\dfrac{3\sqrt{3}}{\sqrt{3}\sqrt{3}}=\dfrac{3\sqrt{3}}{3}=\boldsymbol{\sqrt{3}}$

←$\dfrac{3}{\sqrt{3}}=\dfrac{\sqrt{3}\sqrt{3}}{\sqrt{3}}=\sqrt{3}$ としてもよい

(2) $\dfrac{\sqrt{6}-3}{\sqrt{2}}=\dfrac{(\sqrt{6}-3)\sqrt{2}}{\sqrt{2}\sqrt{2}}=\dfrac{\sqrt{12}-3\sqrt{2}}{2}=\boldsymbol{\dfrac{2\sqrt{3}-3\sqrt{2}}{2}}$

←分母・分子に$\sqrt{2}$ を掛ける

(3) $\dfrac{\sqrt{5}+\sqrt{3}}{\sqrt{5}-\sqrt{3}}=\dfrac{(\sqrt{5}+\sqrt{3})^2}{(\sqrt{5}-\sqrt{3})(\sqrt{5}+\sqrt{3})}=\dfrac{5+2\sqrt{15}+3}{5-3}$

$=\dfrac{8+2\sqrt{15}}{2}=\dfrac{2(4+\sqrt{15})}{2}=\boldsymbol{4+\sqrt{15}}$

←分母・分子に$\sqrt{5}+\sqrt{3}$ を掛けるので，分子は $(\sqrt{5}+\sqrt{3})(\sqrt{5}+\sqrt{3})=(\sqrt{5}+\sqrt{3})^2$

(4) $\dfrac{3-\sqrt{2}}{\sqrt{2}+1}=\dfrac{(3-\sqrt{2})(\sqrt{2}-1)}{(\sqrt{2}+1)(\sqrt{2}-1)}=\dfrac{3\sqrt{2}-3-2+\sqrt{2}}{2-1}=\boldsymbol{4\sqrt{2}-5}$

←分母・分子に$\sqrt{2}-1$ を掛ける。$\sqrt{2}$ だけ掛けたのでは，分母は$\sqrt{2}(\sqrt{2}+1)=2+\sqrt{2}$ となり$\sqrt{2}$ は消せない

練習14 (1) $\sqrt{(-2)^2}=|-2|=\boldsymbol{2}$

←$\sqrt{a^2}=|a|$，$\sqrt{(-2)^2}=\sqrt{4}=2$ としてもよい

(2) $\sqrt{(1-\sqrt{3})^2}=|1-\sqrt{3}|=\boldsymbol{\sqrt{3}-1}$

←$1-\sqrt{3}<0$ より，$|1-\sqrt{3}|=-(1-\sqrt{3})=\sqrt{3}-1$

12 1次不等式

考え方 式変形は1次方程式と同じ。負の数で掛け算，割り算するときには，不等号の向きを変えること。

問12 (1) $5x-3\leqq x+5$　$5x-x\leqq 5+3$

←未知数と定数に分ける

$4x\leqq 8$　$\boldsymbol{x\leqq 2}$

←正の数で割るときは不等号の向きはそのまま

(2) $\dfrac{x-4}{2}<2x+1$　$x-4<2(2x+1)$

←両辺×2として分母をはらう

$x-4<4x+2$　$x-4x<2+4$

$-3x<6$　$\boldsymbol{x>-2}$

←負の数で割るときは不等号の向きが変わる

練習15 (1) $3x-2\geqq x+4$　$3x-x\geqq 4+2$　$2x\geqq 6$　$\boldsymbol{x\geqq 3}$

←正の数で割るときは，不等号の向きはそのまま

(2) $2(x-1)>3x-1$　$2x-2>3x-1$

←$-2+1>3x-2x$，$-1>x$ としてもよい

$2x-3x>-1+2$　$-x>1$　$\boldsymbol{x<-1}$

←負の数で割るときは，不等号の向きが変わる

(3) $-x+1<\dfrac{x-4}{2}$　$2(-x+1)<x-4$　$-2x+2<x-4$

←両辺×2として分母をはらう

$-2x-x<-4-2$　$-3x<-6$　$\boldsymbol{x>2}$

←$2+4<x+2x$，$6<3x$，$2<x$ としてもよい

(4) $\dfrac{x-1}{3}\leqq\dfrac{2x-1}{4}$　$4(x-1)\leqq 3(2x-1)$　$4x-4\leqq 6x-3$

←両辺×12として分母をはらう

$4x-6x\leqq -3+4$　$-2x\leqq 1$　$\boldsymbol{x\geqq -\dfrac{1}{2}}$

←$-4+3\leqq 6x-4x$，$-1\leqq 2x$，$-\dfrac{1}{2}\leqq x$ としてもよい

13 連立不等式

考え方 それぞれの不等式の解の範囲を図示して，共通部分を調べる。

問13 (1) $3x+5<8$ より，
$3x<3$
$x<1$　…①

$x+1\leqq -x-5$ より，
$2x\leqq -6$
$x\leqq -3$　…②

①，②より，
$\boldsymbol{x\leqq -3}$

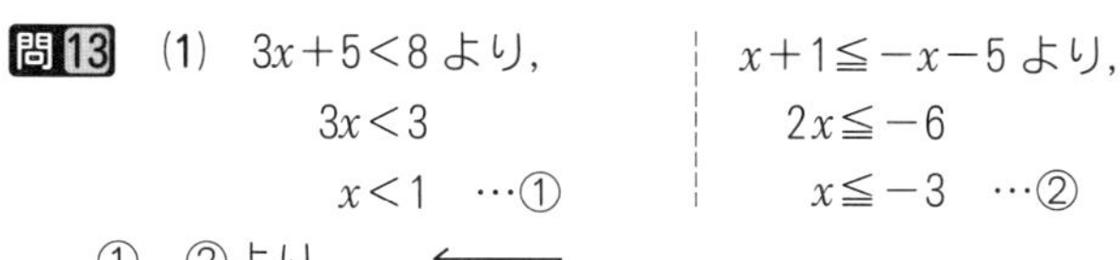

←①，②の共通部分を調べる

(2)　$2<3x-1<5$

$2<3x-1$ より，
$3<3x$
$1<x$ …①

$3x-1<5$ より，
$3x<6$
$x<2$ …②

←不等式 $A<B<C$ は連立不等式 $\begin{cases} A<B \\ B<C \end{cases}$ の解を求める

①，②より，
$\mathbf{1<x<2}$

←①，②の共通部分を調べる

(1)　$3x-2\leqq x+6$ より，
$2x\leqq 8$
$x\leqq 4$ …①

$3(2-x)>10+x$ より，
$6-3x>10+x$
$-4>4x$
$-1>x$ …②

①，②より，
$\boldsymbol{x<-1}$

←①，②の共通部分を調べる

(2)　$x-1\leqq 3x<1-2x$

←不等式 $A\leqq B<C$ は連立不等式 $\begin{cases} A\leqq B \\ B<C \end{cases}$ の解を求める

$x-1\leqq 3x$ より，
$-1\leqq 2x$
$-\frac{1}{2}\leqq x$ …①

$3x<1-2x$ より，
$5x<1$
$x<\frac{1}{5}$ …②

①，②より，
$\boldsymbol{-\frac{1}{2}\leqq x<\frac{1}{5}}$

←①，②の共通部分を調べる

14　1次不等式の応用 (1)

考え方　**$|x|<k$，$|x|>k$ の解は，それぞれ原点からの距離が k より小さい範囲，大きい範囲になる。**

問14　(1)　$|x|\geqq 1$ より，$\boldsymbol{x\leqq -1,\ 1\leqq x}$

←原点からの距離が1以上の範囲

(2)　$x+2=X$ とおくと，$|X|<4$ より，$-4<X<4$

←原点からの距離が4より小さい範囲

$-4<x+2<4$　　$\boldsymbol{-6<x<2}$

←辺々から2を引く

練習17　(1)　$|x|\leqq 5$ より，$\boldsymbol{-5\leqq x\leqq 5}$

(2)　$x+1=X$ とおくと，$|X|>2$ より，$X<-2$，$2<X$

$x+1<-2$，$2<x+1$　　$\boldsymbol{x<-3,\ 1<x}$

←おきかえないで，ここから始めてもよい

(3)　$2x+1=X$ とおくと，$|X|\geqq 3$ より，$X\leqq -3$，$3\leqq X$

$2x+1\leqq -3$，$3\leqq 2x+1$

←おきかえないで，ここから始めてもよい

$2x\leqq -4$，$2\leqq 2x$　　$\boldsymbol{x\leqq -2,\ 1\leqq x}$

(4)　$2-2x=X$ とおくと，$|X|<1$ より，$-1<X<1$

$-1<2-2x<1$

←おきかえないで，ここから始めてもよい

$-3<-2x<-1$

←辺々から2を引く

$\boldsymbol{\frac{3}{2}>x>\frac{1}{2}}$

←-2 で割る。負の数で割るので不等号の向きが変わる

15　1次不等式の応用 (2)

考え方　**求める数を x とおいて，題意を満たす不等式をつくる。**

ケーキを x 個買うとすると，プリンは$(10-x)$個買うことになる。

このとき，代金は 2800 円以下にしたいから，

$300x+200(10-x)\leqq 2800$　　←代金についての不等式をつくる

$300x+2000-200x\leqq 2800$　　$100x\leqq 800$　　$x\leqq 8$

ゆえに，ケーキを**8 個**買えばよい。

練習18　(1)　不等式で表すと，$\begin{cases}3(x+2)>24 \cdots ① \\ 2(8-x)>2 \cdots ②\end{cases}$　　←連立不等式を解く

①より，$3x+6>24$　　$3x>18$　　$x>6$　…③

②より，$16-2x>2$　　$14>2x$　　$7>x$　…④

よって，③，④をともに満たす範囲は，$\boldsymbol{6<x<7}$

(2)　購入する個数を x （$x<30$）とすると，代金は $400x$ 円かかる。　←1 個 400 円支払った場合の総額

30 個として割引を利用すると，代金は 30×350 円であるから，　←30 個として，割引を利用した場合の総額

$400x>30\times 350$ となるのは，$400x>10500$　　$x>26.25$

よって，割引の方が得になるのは，**27 個以上**

16 集　合

考え方　**集合の表し方と記号の意味をしっかり理解しておこう。**

問16　(1)　$A=\{n \mid n$ は 10 の正の約数$\}=\{1,\ 2,\ 5,\ 10\}$ であるから，

(i)　$1\in A$　　(ii)　$4\notin A$　　←1 は A の要素であるが，4 は A の要素ではない

(2)　$A=\{2,\ 3,\ 4,\ 6,\ 12\}$

$B=\{n \mid n$ は 12 の正の約数$\}=\{1,\ 2,\ 3,\ 4,\ 6,\ 12\}$

であるから，$A\subset B$　　←A の要素はすべて B に属する

練習19　$A=\{2,\ 4,\ 8\}$　　←A の要素と C の要素はすべて一致する。また，$A(=C)$ の要素はすべて B に属し，B の要素はすべて D に属するから，$A=C\subset B\subset D$

$B=\{n \mid n$ は 8 の正の約数$\}=\{1,\ 2,\ 4,\ 8\}$

$C=\{2^k \mid k$ は自然数，$1\leqq k\leqq 3\}=\{2^1,\ 2^2,\ 2^3\}=\{2,\ 4,\ 8\}$

$D=\{n \mid n$ は 16 の正の約数$\}=\{1,\ 2,\ 4,\ 8,\ 16\}$ であるから，

(1)　$A\subset B$　　(2)　$B\supset C$　　(3)　$C\subset D$　　(4)　$A=C$　　(5)　$B\subset D$

練習20　$\boldsymbol{\phi}$，$\{1\}$，$\{2\}$，$\{3\}$，$\{1,\ 2\}$，$\{1,\ 3\}$，$\{2,\ 3\}$，$\{1,\ 2,\ 3\}$　　←要素の個数が 0 個，1 個，2 個，3 個の場合を調べる

17 共通部分，和集合，補集合

考え方　**共通部分と和集合の記号と意味を取り違えないこと。ド・モルガンの法則を使いこなそう。**

問17　(1)　$A\cup B=\{\boldsymbol{a,\ b,\ c,\ d}\}$　$(=\boldsymbol{U})$　　←A と B の要素を合わせたもの。同じ要素は 1 つだけかく

(2)　$A\cap B=\{\boldsymbol{b,\ c}\}$　　←A と B に共通な要素

(3)　$\overline{B}=\{\boldsymbol{a}\}$　　←U の要素のうち，B に属さない要素

(4)　ド・モルガンの法則より，$\overline{A}\cup\overline{B}=\overline{A\cap B}=\{\boldsymbol{a,\ d}\}$　　←$\overline{A}=\{d\}$ より，$\overline{A}\cup\overline{B}=\{a,\ d\}$ としてもよい

練習21　(1)　$A\cup C=\{\mathbf{1,\ 2,\ 3,\ 4}\}$　　←A と C の要素を合わせたもの

(2)　$B\cap C=\{\mathbf{4}\}$　　←B と C に共通な要素

(3)　$\overline{A}=\{4,\ 5\}$ より，$\overline{A}\cap B=\{\mathbf{4,\ 5}\}$　　←$\overline{A}\subset B$ であるので　$\overline{A}\cap B=\overline{A}$

(4)　ド・モルガンの法則より，$A\cup\overline{B}=\overline{\overline{A}\cap B}=\{\mathbf{1,\ 2,\ 3}\}$　　←$\overline{B}=\{1,\ 2\}$ より，$A\cup\overline{B}=\{1,\ 2,\ 3\}$ としてもよい

(5)　$(A\cup C)\cap B=\{\mathbf{3,\ 4}\}$　　←$A\cup C$ と B に共通な要素

(6)　$A\cap B=\{3\}$ より，$(A\cap B)\cup(B\cap C)=\{\mathbf{3,\ 4}\}$　　←$A\cap B$ と $B\cap C$ の要素を合わせたもの

18 命　題

$p \Longrightarrow q$ の真偽は，p を満たす要素がすべて q を満たすか考えよう。
p かつ q，p または q の否定は，機械的につくってから意味を考えよう。

問18

(1) (i) **偽**　**(反例：$x=-1.5$)**　←-1.5 は $x<-1$ であるが $x<-2$ を満たさない

(ii) **真**　←4 の倍数は 2 で割れるから，偶数である

(2) (i) $\boldsymbol{x<-1}$　←$x=-1$ は $x \geqq -1$ を満たすので，否定には含まれない　$x \leqq -1$ とするミスに注意しよう

(ii) $\overline{a=0 \text{ かつ } b=0}$

$\Longleftrightarrow \overline{a=0}$ または $\overline{b=0}$　←$\overline{p \text{ かつ } q} \Longleftrightarrow \overline{p}$ または $\overline{q}$

$\Longleftrightarrow$ **$a \neq 0$ または $b \neq 0$**

練習22

(1) **偽**　**(反例：36)**　←36 は 72 の約数であるが 18 の約数ではない

(2) **真**　($x=2$ ならば，
$x^2-x-2=4-2-2=0$)

(3) **偽**　**(反例：$x=1$，$y=0$)**

(4) **偽**　**(反例：$a=\sqrt{2}$，$b=-\sqrt{2}$)**　←$a+b=0$ で，0 は有理数である

(5) **偽**　**(反例：$a=1$，$b=-2$)**　←$a>b$ であるが $a^2=1$，$b^2=(-2)^2=4$ より $a^2<b^2$ になる

(6) **偽**　**(反例：$a=2$，$b=1$，$c=-1$)**　←$a>b$ であるが $ac=-2$，$bc=-1$ より $ac<bc$ になる

練習23

(1) $\overline{-2<x<3} \Longleftrightarrow \overline{x>-2 \text{ かつ } x<3}$

$\Longleftrightarrow \overline{x>-2}$ または $\overline{x<3}$　←$\overline{p \text{ かつ } q} \Longleftrightarrow \overline{p}$ または $\overline{q}$

$\Longleftrightarrow$ **$x \leqq -2$ または $x \geqq 3$**

(2) $\overline{x=0 \text{ または } x>2} \Longleftrightarrow \overline{x=0}$ かつ $\overline{x>2}$　←$\overline{p \text{ または } q} \Longleftrightarrow \overline{p}$ かつ $\overline{q}$

$\Longleftrightarrow x \neq 0$ かつ $x \leqq 2$

$\Longleftrightarrow$ **$x<0$ または $0<x \leqq 2$**

$x \leqq 2$ であるが $x=0$ は除く

0　2　x

19 必要条件・十分条件

$p \Longrightarrow q$ が真のとき，
$\Longrightarrow$ が出ていく方の条件(p)は他方(q)の十分条件
$\Longrightarrow$ が向かってくる方の条件(q)は他方(p)の必要条件

問19

(1) $x^2=9 \;\underset{\times}{\overset{\longrightarrow}{\longleftarrow}}\; x=3$ (反例：$x=-3$) より，
$x^2=9$ は $x=3$ であるための**必要条件である。**　←$x=-3$ は $x^2=9$ を満たすが $x \neq 3$ であるから "$\longrightarrow$" は偽

(2) $x=1 \;\underset{\times}{\overset{\longrightarrow}{\longleftarrow}}\; x(x-1)=0$ (反例：$x=0$) より，
$x=1$ は $x(x-1)=0$ であるための**十分条件である。**　←$x(x-1)=0$ の解は $x=0$，1 で，$x=0$ のときがあるから "$\longleftarrow$" は偽

(3) $x=0 \Longleftrightarrow x^2=0$　より，
$x=0$ は $x^2=0$ であるための**必要十分条件である。**

練習24

(1)　$a=1$ かつ $b=1$ $\substack{\longrightarrow \\ \not\longleftarrow}$ $ab=1$　より，
　　(反例：$a=-1$，$b=-1$)
$a=1$ かつ $b=1$ は $ab=1$ であるための**十分条件である。**

← $a=b=-1$ は $ab=1$ であるが，$a=b=1$ ではない

(2)　平行四辺形 $\substack{\not\longrightarrow \\ \longleftarrow}$ 正方形　より，
平行四辺形であることは正方形であるための**必要条件である。**

← すべての平行四辺形が正方形であるとはいえないので“$\longrightarrow$”は偽

(3)　　(反例：$a=1$，$b=2$，$m=0$)
$ma=mb$ $\substack{\not\longrightarrow \\ \longleftarrow}$ $a=b$　より，
$ma=mb$ は $a=b$ であるための**必要条件である。**

← $a=1$，$b=2$，$m=0$ のとき，$ma=mb=0$ であるが，$a \neq b$

(4)　正三角形 $\substack{\longrightarrow \\ \not\longleftarrow}$ 二等辺三角形　より，
正三角形であることは二等辺三角形であるための**十分条件である。**

← すべての二等辺三角形が正三角形であるとはいえないので“$\longleftarrow$”は偽

(5)　　(反例：$a=1$，$b=-2$)
$a>b$ $\substack{\not\longrightarrow \\ \not\longleftarrow}$ $a^2>b^2$　より，
　　(反例：$a=-2$，$b=1$)
$a>b$ は $a^2>b^2$ であるための**必要条件でも十分条件でもない。**

← $a=1$，$b=-2$ のとき，$a>b$ であるが，$a^2=1$，$b^2=4$ より $a^2<b^2$，$a=-2$，$b=1$ のとき，$a^2=4$，$b^2=1$ より $a^2>b^2$ であるが，$a<b$

(6)　$\dfrac{a^2+b^2}{2}=ab \iff a^2+b^2=2ab \iff a^2-2ab+b^2=0$
$\iff (a-b)^2=0 \iff a=b$
よって，
$\dfrac{a^2+b^2}{2}=ab$ は $a=b$ であるための**必要十分条件である。**

← $\dfrac{a^2+b^2}{2}=ab$ を同値変形して因数分解する

← $\dfrac{a^2+b^2}{2}=ab \iff a=b$　(同値)

(7)　　(反例：$x=2$，$y=4$)
$x+y=6$ $\substack{\not\longrightarrow \\ \longleftarrow}$ $x=1$ かつ $y=5$　より，
$x+y=6$ は $x=1$ かつ $y=5$ であるための**必要条件である。**

← $x=2$，$y=4$ は $x+y=6$ であるが $x=1$ かつ $y=5$ ではない

(8)　$x^2+y^2=0 \iff x=y=0$　より，
$x^2+y^2=0$ は $x=y=0$ であるための**必要十分条件である。**

← $x^2+y^2=0 \iff x=y=0$　(同値)

20　逆，裏，対偶

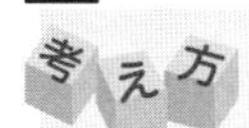

逆，裏，対偶を取り違えないようにしっかり覚えよう。ある命題と対偶，逆と裏は真偽が一致することを利用すると，真偽の判定が容易になることがある。
対偶をとると証明が容易になることがある。

問20

(1)　**逆：$x^2=9 \Longrightarrow x=3$　偽　(反例：$x=-3$)**
裏：$x \neq 3 \Longrightarrow x^2 \neq 9$　偽　(反例：$x=-3$)
対偶：$x^2 \neq 9 \Longrightarrow x \neq 3$　真

← $x=-3$ は 3 ではないが，$x^2=9$ となる。逆と裏の反例は同じでよい
← もとの命題 $x=3 \Longrightarrow x^2=9$ は真であるから対偶も真

(2)　対偶をとって「n が偶数ならば n^2 は偶数」を証明する。
n が偶数のとき，$n=2k$ (k は整数)とおけるから，
$n^2=(2k)^2=4k^2=2(2k^2)$
よって，n^2 は偶数である。
ゆえに，対偶が証明されたので，n^2 が奇数ならば n は奇数である。

← $2k^2$ も整数であるから，$2\times(2k^2)$ は偶数

練習25

(1)　$|x|>2 \iff x<-2,\ 2<x$
よって，**逆：$x>2 \Longrightarrow |x|>2$　真**
裏：$|x| \leqq 2 \Longrightarrow x \leqq 2$　真
対偶：$x \leqq 2 \Longrightarrow |x| \leqq 2$　偽　(反例：$x=-3$)

← $|x|>2$ の否定は $|x| \leqq 2$

(2)　**逆：$x=0 \Longrightarrow xy=0$　真**

裏：$xy \neq 0 \Longrightarrow x \neq 0$　真

対偶：$x \neq 0 \Longrightarrow xy \neq 0$　偽　(反例：$x=1$, $y=0$)

←反例はもとの命題から考えるとよい

(3)　$x \neq 1$ または $y \neq 2$ の否定は，$x=1$ かつ $y=2$

逆：$x+y \neq 3 \Longrightarrow x \neq 1$ または $y \neq 2$　真

←明らかに裏は真であるから逆も真

裏：$x=1$ かつ $y=2 \Longrightarrow x+y=3$　真

対偶：$x+y=3 \Longrightarrow x=1$ かつ $y=2$　偽　(反例：$x=0$, $y=3$)

(4)　$x \leqq 1$ または $y \leqq 1$ の否定は，$x>1$ かつ $y>1$

逆：$x \leqq 1$ または $y \leqq 1 \Longrightarrow x+y \leqq 2$　偽　($x=3$, $y=0$)

裏：$x+y>2 \Longrightarrow x>1$ かつ $y>1$　偽　($x=3$, $y=0$)

←$x=3$，$y=0$ のとき，$y \leqq 1$ を満たすが $x+y=3>2$
また $x+y=3>2$ を満たすが，$y>1$ を満たさない

対偶：$x>1$ かつ $y>1 \Longrightarrow x+y>2$　真

練習26　(1)　対偶をとると，

$x \geqq 1$ かつ $y \geqq 1$ ならば $xy \geqq 1$

←このように対偶をとると，命題の真偽がはっきりわかることがある

となり，明らかに成り立つ。

よって，対偶が真であるから，$xy<1$ ならば $x<1$ または $y<1$ である。

(2)　対偶をとって「n が 3 の倍数でないならば n^2 は 3 の倍数でない」を証明する。n が 3 の倍数でないとき，

$n=3k+1$ または $n=3k+2$ (k は整数) とおける。

←3 の倍数でない整数は 3 で割った余りが 1 または 2

$n=3k+1$ のとき，$n^2=(3k+1)^2=9k^2+6k+1$

$=3(3k^2+2k)+1$

←3×(整数)+1 より 3 の倍数でない

よって，n^2 は 3 の倍数でない。

$n=3k+2$ のとき，$n^2=(3k+2)^2=9k^2+12k+4$

$=3(3k^2+4k+1)+1$

←3×(整数)+1 より 3 の倍数でない

よって，n^2 は 3 の倍数でない。

ゆえに，対偶が証明されたので，n^2 が 3 の倍数ならば n は 3 の倍数である。

21　背理法

背理法は，まず結論の否定から。

問21　$2-\sqrt{2}$ が有理数 a であるとすると，

$2-\sqrt{2}=a$ より，$2-a=\sqrt{2}$

←(有理数)=(無理数)と変形して矛盾することを示す(背理法)

よって，左辺は有理数，右辺は無理数となり矛盾する。

ゆえに，$2-\sqrt{2}$ は無理数である。

練習27　(1)　$a+b$ が有理数 c であるとすると，

←問 21と同じように考えればよい

$a+b=c$ より $b=c-a$

よって，左辺は無理数，右辺は有理数となり矛盾する。

ゆえに，a が有理数，b が無理数であるとき，$a+b$ は無理数である。

(2)　$\sqrt{2}+\sqrt{3}$ が有理数 a であるとすると，$\sqrt{2}+\sqrt{3}=a$

両辺を 2 乗すると，$2+2\sqrt{6}+3=a^2$　　$2\sqrt{6}=a^2-5$

$$\sqrt{6}=\frac{a^2-5}{2}$$

←(無理数)=(有理数)と変型して矛盾することを示す(背理法)

よって，左辺は無理数，右辺は有理数となり矛盾する。

ゆえに，$\sqrt{2}+\sqrt{3}$ は無理数である。

22 関数

関数 $y=f(x)$ で値域（y の値の範囲）を調べるときは，グラフを活用しよう。

問22 (1) $f(-1)=-3\times(-1)+2=\mathbf{5}$　←$x=-1$ を $f(x)$ の式に代入する

(2) $x=-2$ のとき，$y=3\times(-2)-1=-7$　←定義域の両端の値を調べる

$x=1$ のとき，$y=3\times1-1=2$

であるから，右図より値域は　←グラフを利用すると値域（y の値の範囲）がよくわかる

$\mathbf{-7 \leqq y \leqq 2}$

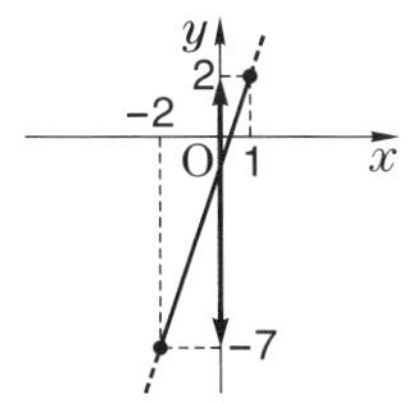

練習28 (1) (i) $f(0)=-2\times0+4=\mathbf{4}$　←$x=0,\ -\frac{1}{2}$ を $f(x)$ の式に代入する

(ii) $f\left(-\frac{1}{2}\right)=-2\times\left(-\frac{1}{2}\right)+4=\mathbf{5}$

(2) (i) $x=0$ のとき，$y=5$　←定義域の両端の値を調べる

$x=2$ のとき，$y=-1$　←グラフを利用すると値域がよくわかる

であるから，右図より値域は

$\mathbf{-1 \leqq y \leqq 5}$

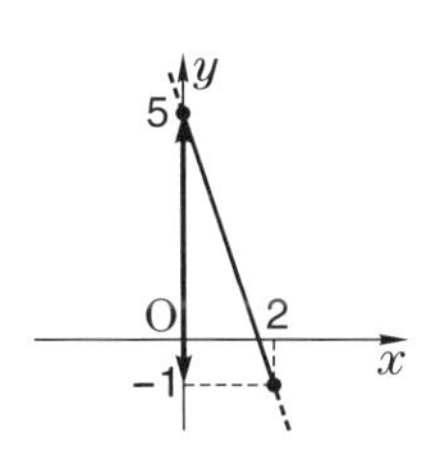

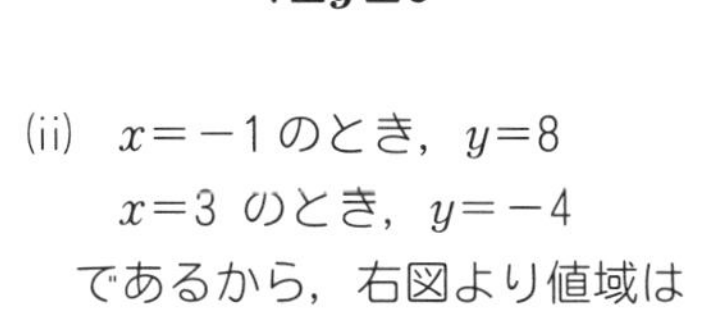

(ii) $x=-1$ のとき，$y=8$　←定義域は $-1<x<3$ で，$x=-1,\ 3$ は含まれないから，値域には，$y=8,\ -4$ は含まれない

$x=3$ のとき，$y=-4$

であるから，右図より値域は

$\mathbf{-4<y<8}$

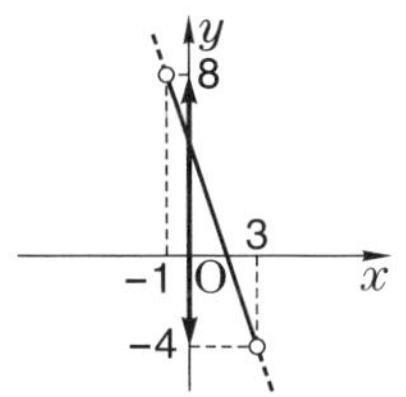

23 2次関数のグラフ (1)

2次関数のグラフは放物線であるから，グラフの形（上に凸，下に凸）と頂点の座標を調べよう。

問23 (1)

$y=-x^2$

頂点：**原点**

軸　：**y 軸**

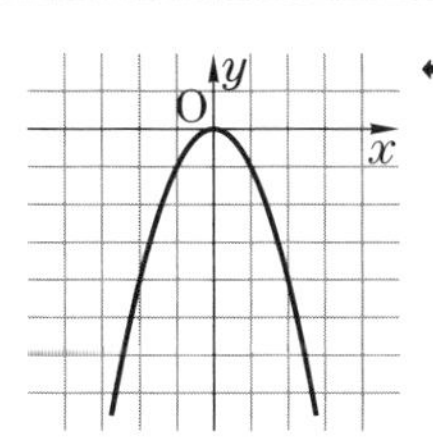

←$-1<0$ より，上に凸の放物線

(2) $y=3x^2+2$

頂点：**点 (0, 2)**

軸　：**y 軸**

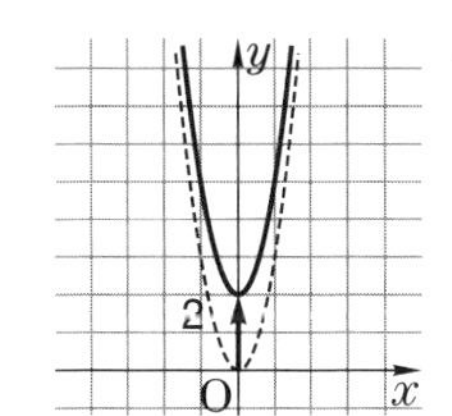

←$y=3x^2$ のグラフを y 軸方向に 2 平行移動

(3) $y=(x+2)^2$

頂点：**点 (−2, 0)**

軸　：**直線 $x=-2$**

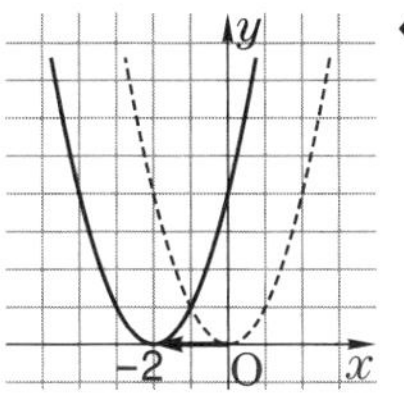

←$y=x^2$ のグラフを x 軸方向に -2 平行移動

練習29 (1) $y=3x^2$

頂点：**原点**

軸　：**y 軸**

$3>0$ より，下に凸の放物線→

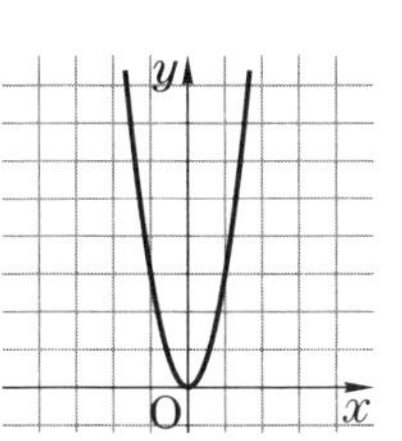

(2) $y=-\frac{1}{2}x^2$

頂点：**原点**

軸　：**y 軸**

$-\frac{1}{2}<0$ より，上に凸の放物線→

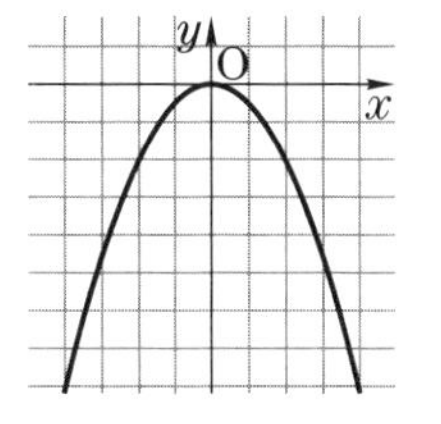

(3) $y=2x^2-3$

頂点：**点 (0, −3)**

軸　：**y 軸**

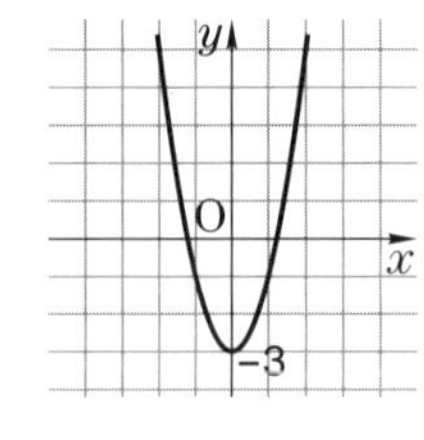

$2>0$ より，下に凸の放物線➡ $y=2x^2$ のグラフを，y 軸方向に -3，➡ 平行移動する

(4) $y=-x^2-1$

頂点：**点 (0, −1)**

軸　：**y 軸**

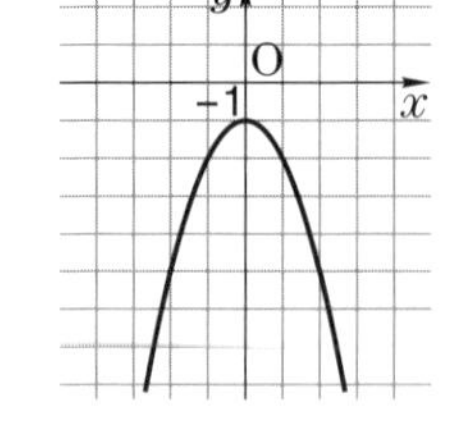

$-1<0$ より，上に凸の放物線➡ $y=-x^2$ のグラフを，y 軸方向に -1，➡ 平行移動する

(5) $y=\dfrac{1}{2}x^2+2$

頂点：**点 (0, 2)**

軸　：**y 軸**

$\dfrac{1}{2}>0$ より，下に凸の放物線➡ $y=\dfrac{1}{2}x^2$ のグラフを，y 軸方向に 2，➡ 平行移動する

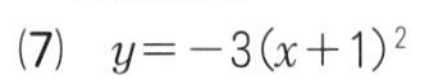

(6) $y=(x-2)^2$

頂点：**点 (2, 0)**

軸　：**直線 $x=2$**

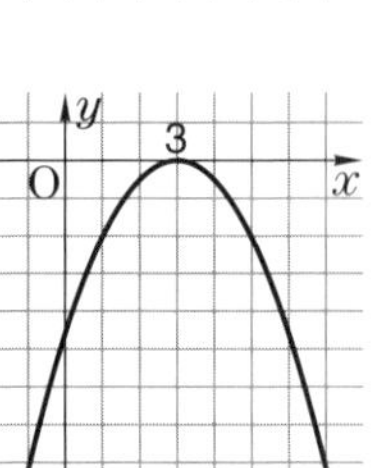

$1>0$ より，下に凸の放物線➡ 頂点は $(-2,\ 0)$ ではない➡ $y=x^2$ のグラフを，x 軸方向に 2，平行移動➡

(7) $y=-3(x+1)^2$

頂点：**点 (−1, 0)**

軸　：**直線 $x=-1$**

$-3<0$ より，上に凸の放物線➡ 頂点は $(1,\ 0)$ ではない➡ $y=-3x^2$ のグラフを，x 軸方向に➡ -1，平行移動する

(8) $y=-\dfrac{1}{2}(x-3)^2$

頂点：**点 (3, 0)**

軸　：**直線 $x=3$**

$-\dfrac{1}{2}<0$ より，上に凸の放物線➡ 頂点は $(-3,\ 0)$ ではない➡ $y=-\dfrac{1}{2}x^2$ のグラフを，x 軸方向に 3，平行移動する➚

24 2次関数のグラフ (2)

$y=a(x-p)^2+q$ のグラフは，頂点の座標を求めるとき，符号に気をつけよう。
$y=ax^2+bx+c$ のグラフは，まず，右辺を平方完成する。その方法をマスターしよう。

問24 (1) $y=-2(x+1)^2+3$

頂点：**点 (−1, 3)**

軸　：**直線 $x=-1$**

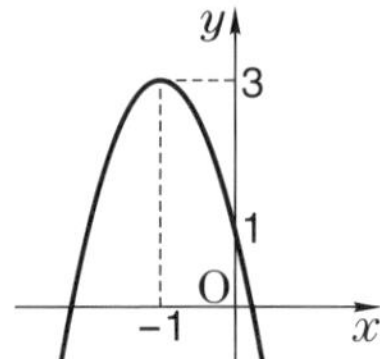

⬅頂点は $(1,\ 3)$ ではない

⬅$y=-2x^2$ のグラフを x 軸方向に -1，y 軸方向に 3，平行移動する

(2) (i) $y=x^2+4x+1$

$\quad =(x+2)^2-4+1=(x+2)^2-3$

よって，頂点 **(−2, −3)**

⬅平方完成するのは，x^2+4x の部分

⬅x の係数 4 に $\dfrac{1}{2}$ を掛けた 2 で平方式 $(x+2)^2$ をつくり，さらにその 2 乗 4 を引く

(ii) $y=3x^2-12x-2=3(x^2-4x)-2$

$\quad =3\{(x-2)^2-4\}-2$

$\quad =3(x-2)^2-12-2$

$\quad =3(x-2)^2-14$

よって，頂点 **(2, −14)**

⬅平方完成するのは，$3x^2-12x$ の部分，まず x^2 の係数 3 でくくる

⬅x の係数 -4 に $\dfrac{1}{2}$ を掛けた -2 で平方式 $(x-2)^2$ をつくり，さらに，その 2 乗 4 を引く。{ } を忘れないこと

⬅{ } を忘れて，$3(x-2)^2-4-2=3(x-2)^2-6$ とするミスに気をつけよう

練習30 (1) $y=2(x-3)^2-1$

頂点：**(3, −1)**

軸　：**$x=3$**

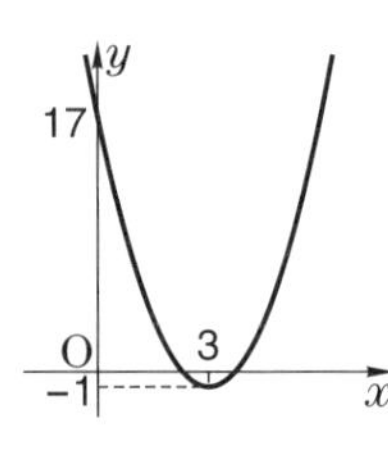

⬅$y=2x^2$ のグラフを x 軸方向に 3，y 軸方向に -1 平行移動する

(2)　$y=-(x+2)^2+3$

頂点：$(-2,\ 3)$

軸　：$x=-2$

⬅$y=-x^2$ のグラフを x 軸方向に -2，y 軸方向に 3 平行移動する

(3)　$y=x^2+6x+3$

$=(x+3)^2-9+3$

$=(x+3)^2-6$

頂点：$(-3,\ -6)$

軸　：$x=-3$

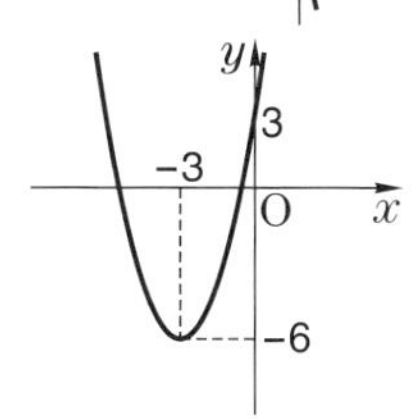

⬅平方完成するのは，x^2+6x の部分

⬅x の係数 6 に $\frac{1}{2}$ を掛けた 3 で平方式 $(x+3)^2$ をつくり，さらにその 2 乗 9 を引く

(4)　$y=x^2-3x=\left(x-\frac{3}{2}\right)^2-\frac{9}{4}$

頂点：$\left(\frac{3}{2},\ -\frac{9}{4}\right)$

軸　：$x=\frac{3}{2}$

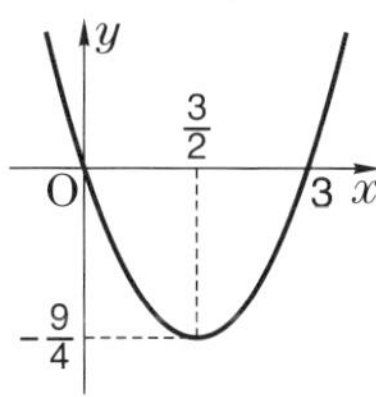

⬅平方完成するのは，x^2-3x の部分。x の係数 -3 に $\frac{1}{2}$ を掛けた $-\frac{3}{2}$ で平方式 $\left(x-\frac{3}{2}\right)^2$ をつくり，さらにその 2 乗 $\frac{9}{4}$ を引く

(5)　$y=x^2+x+1$

$=\left(x+\frac{1}{2}\right)^2-\frac{1}{4}+1$

$=\left(x+\frac{1}{2}\right)^2+\frac{3}{4}$

頂点：$\left(-\frac{1}{2},\ \frac{3}{4}\right)$

軸　：$x=-\frac{1}{2}$

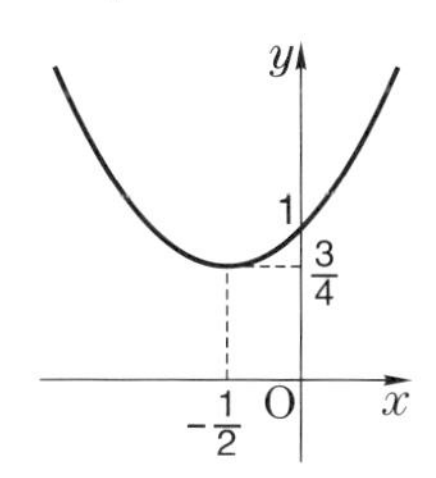

⬅平方完成するのは，x^2+x の部分

⬅x の係数 1 に $\frac{1}{2}$ を掛けた $\frac{1}{2}$ で平方式 $\left(x+\frac{1}{2}\right)^2$ をつくり，さらにその 2 乗 $\frac{1}{4}$ を引く

(6)　$y=2x^2+4x-1=2(x^2+2x)-1$

$=2\{(x+1)^2-1\}-1$

$=2(x+1)^2-2-1$

$=2(x+1)^2-3$

頂点：$(-1,\ -3)$

軸　：$x=-1$

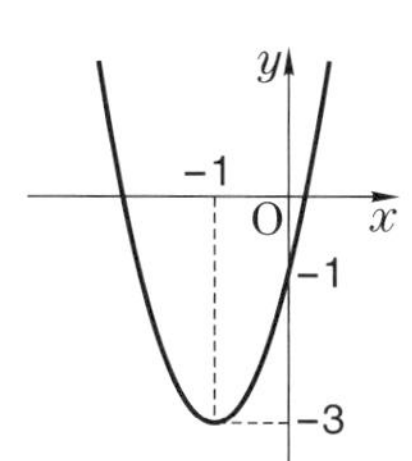

⬅平方完成するのは，$2x^2+4x$ の部分。まず x^2 の係数 2 でくくる

⬅x の係数 2 に $\frac{1}{2}$ を掛けた 1 で平方式 $(x+1)^2$ をつくり，さらにその 2 乗 1 を引く。{　}を忘れないこと

(7)　$y=-x^2+6x-4$

$=-(x^2-6x)-4$

$=-\{(x-3)^2-9\}-4$

$=-(x-3)^2+9-4$

$=-(x-3)^2+5$

頂点：$(3,\ 5)$

軸　：$x=3$

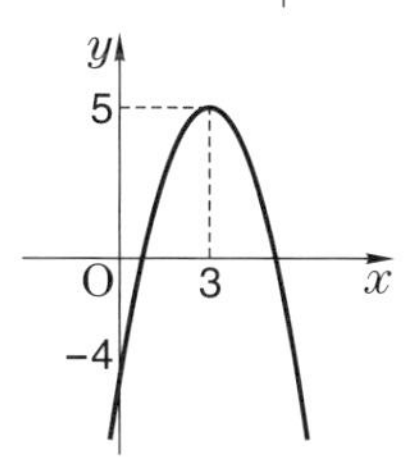

⬅平方完成するのは，$-x^2+6x$ の部分。まず x^2 の係数 -1 でくくる

⬅x の係数 -6 に $\frac{1}{2}$ を掛けた -3 で平方式 $(x-3)^2$ をつくり，さらにその 2 乗 9 を引く。{　}を忘れないこと

(8)　$y=-3x^2+6x-1$

$=-3(x^2-2x)-1$

$=-3\{(x-1)^2-1\}-1$

$=-3(x-1)^2+3-1$

$=-3(x-1)^2+2$

頂点：$(1,\ 2)$

軸　：$x=1$

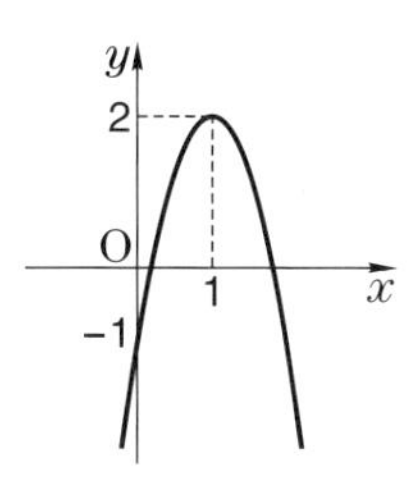

⬅平方完成するのは，$-3x^2+6x$ の部分。まず，x^2 の係数 -3 でくくる

⬅x の係数 -2 に $\frac{1}{2}$ を掛けた -1 で平方式 $(x-1)^2$ をつくり，さらにその 2 乗 1 を引く。{　}を忘れないこと

25 2次関数の最大・最小 (1)

考え方 2次関数の最大・最小は，グラフの頂点を求めて，グラフをかいてみよう。

問26 (1) グラフは右図のようになるから，

$y \leqq 1$

よって，$x=-2$ で**最大値 1** をとる。

最小値はない。

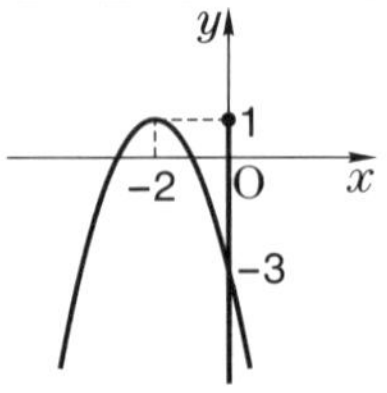

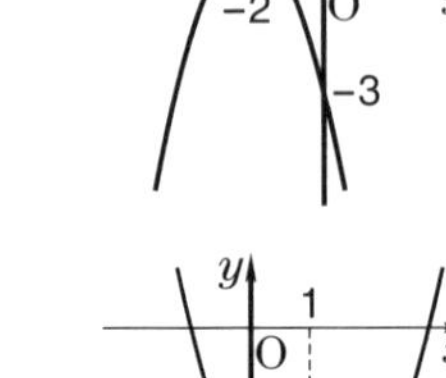

← $y=-(x+2)^2+1$ より，頂点 $(-2,\ 1)$

(2) $y=x^2-2x-3=(x-1)^2-1-3$

$=(x-1)^2-4$

グラフは右図のようになるから，

$y \geqq -4$

よって，$x=1$ で**最小値 −4** をとる。

最大値はない。

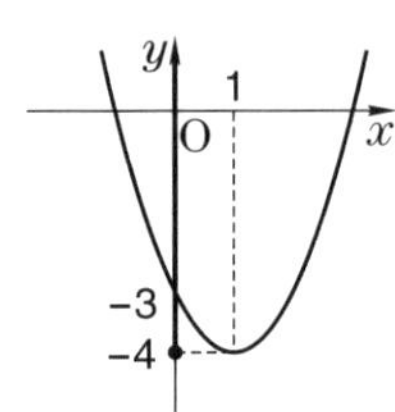

← 頂点の座標を求めるために，平方完成する

← 頂点 $(1,\ -4)$

練習31 (1) グラフは，頂点 $(-1,\ -2)$ で下に凸の放物線であるから，

$x=-1$ のとき，**最小値 −2** をとる。**最大値はない。**

← 値域は，$y \geqq -2$

(2) グラフは，頂点 $(-2,\ 4)$ で上に凸の放物線であるから，

$x=-2$ のとき，**最大値 4** をとる。**最小値はない。**

← 値域は，$y \leqq 4$

(3) $y=x^2+4x-2=(x+2)^2-4-2=(x+2)^2-6$

グラフは，頂点 $(-2,\ -6)$ で下に凸の放物線であるから，

$x=-2$ のとき，**最小値 −6** をとる。**最大値はない。**

← 値域は，$y \geqq -6$

(4) $y=x^2-x+1=\left(x-\frac{1}{2}\right)^2-\frac{1}{4}+1=\left(x-\frac{1}{2}\right)^2+\frac{3}{4}$

グラフは，頂点 $\left(\frac{1}{2},\ \frac{3}{4}\right)$ で下に凸の放物線であるから，

$x=\frac{1}{2}$ のとき，**最小値 $\frac{3}{4}$** をとる。**最大値はない。**

← 値域は，$y \geqq \frac{3}{4}$

(5) $y=2x^2+4x+1=2(x^2+2x)+1=2\{(x+1)^2-1\}+1$

$=2(x+1)^2-2+1=2(x+1)^2-1$

グラフは，頂点 $(-1,\ -1)$ で下に凸の放物線であるから，

$x=-1$ のとき，**最小値 −1** をとる。**最大値はない。**

← 値域は，$y \geqq -1$

(6) $y=-x^2+6x-2=-(x^2-6x)-2=-\{(x-3)^2-9\}-2$

$=-(x-3)^2+9-2=-(x-3)^2+7$

グラフは，頂点 $(3,\ 7)$ で上に凸の放物線であるから，

$x=3$ のとき，**最大値 7** をとる。**最小値はない。**

← 値域は，$y \leqq 7$

(7) $y=-3x^2+6x=-3(x^2-2x)=-3\{(x-1)^2-1\}$

$=-3(x-1)^2+3$

グラフは，頂点 $(1,\ 3)$ で上に凸の放物線であるから，

$x=1$ のとき，**最大値 3** をとる。**最小値はない。**

← 値域は，$y \leqq 3$

(8) $y=\frac{1}{2}x^2+x-\frac{3}{2}=\frac{1}{2}(x^2+2x)-\frac{3}{2}=\frac{1}{2}\{(x+1)^2-1\}-\frac{3}{2}$

$=\frac{1}{2}(x+1)^2-\frac{1}{2}-\frac{3}{2}=\frac{1}{2}(x+1)^2-2$

グラフは，頂点 $(-1,\ -2)$ で下に凸の放物線であるから，　← 値域は，$y \geqq -2$

$x=-1$ のとき，**最小値 -2** をとる。**最大値はない。**

26 2次関数の最大・最小 (2)

考え方 定義域に制限がある場合は，頂点と両端の y の値を求め，グラフをかいてみよう。

問26 (1) $y=-2x^2+4x+7=-2(x^2-2x)+7$　← 平方完成して頂点を求める

$=-2\{(x-1)^2-1\}+7=-2(x-1)^2+2+7$

$=-2(x-1)^2+9$

よって，頂点 $(1,\ 9)$

$x=0$ のとき，$y=7$　← 定義域の両端の y の値を求める

$x=3$ のとき，$y=1$　← 値域は，$1 \leqq y \leqq 9$

ゆえに，右図より，$x=1$ で**最大値 9**,　← $x=0$ で最大値 7 とする誤りに注意

$x=3$ で**最小値 1** をとる。

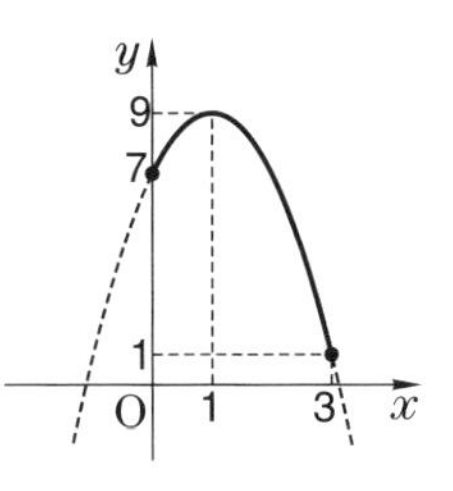

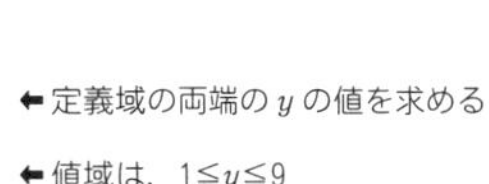

(2) $y=x^2+6x=(x+3)^2-9$　← 平方完成して頂点を求める

よって，頂点 $(-3,\ -9)$

$x=-1$ のとき，$y=-5$　← 定義域の両端の y の値を求める

$x=1$ のとき，$y=7$　← 値域は，$-5 \leqq y \leqq 7$

ゆえに，右図より，$x=1$ で**最大値 7**,

$x=-1$ で**最小値 -5** をとる。

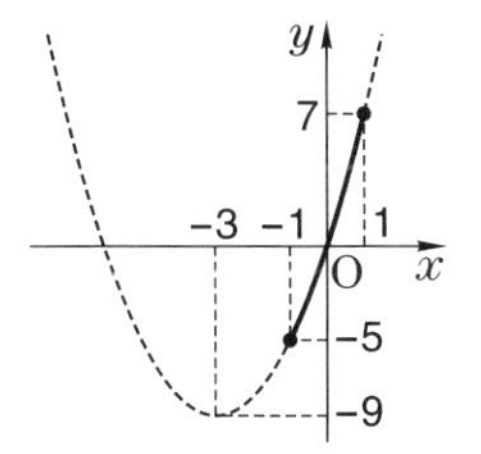

練習32 (1) $y=x^2+2x+3$　← 平方完成して頂点を求める

$=(x+1)^2-1+3$

$=(x+1)^2+2$

よって，頂点 $(-1,\ 2)$

$x=-2$ のとき，$y=3$　← 定義域の両端の y の値を求める

$x=2$ のとき，$y=11$　← 値域は，$2 \leqq y \leqq 11$

ゆえに，右図より，$x=2$ で**最大値 11**,　← $x=-2$ で最小値 3 とする誤りに注意

$x=-1$ で**最小値 2** をとる。

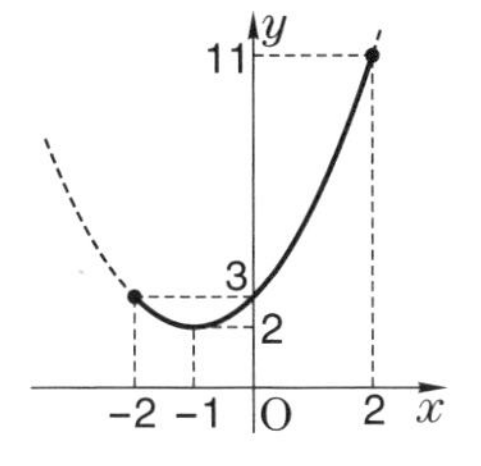

(2) $y=-x^2+4x+2=-(x^2-4x)+2$

$=-\{(x-2)^2-4\}+2=-(x-2)^2+4+2$

$=-(x-2)^2+6$

よって，頂点 $(2,\ 6)$

$x=-2$ のとき，$y=-10$

$x=1$ のとき，$y=5$　← 値域は $-10 \leqq y \leqq 5$

ゆえに，右図より，$x=1$ で**最大値 5**,

$x=-2$ で**最小値 -10** をとる。

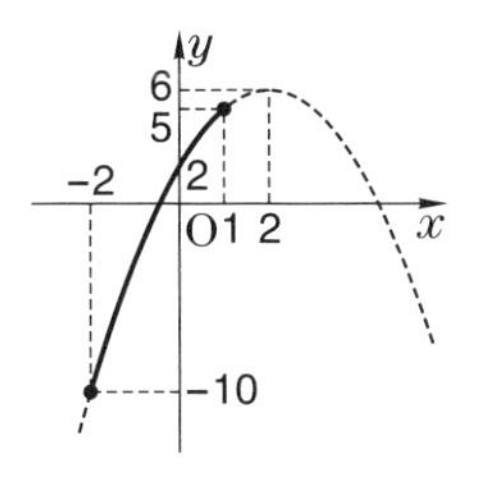

(3) $y=2x^2-4x=2(x^2-2x)$

$=2\{(x-1)^2-1\}=2(x-1)^2-2$

よって，頂点 $(1,\ -2)$

$x=-1$ のとき，$y=6$

$x=3$ のとき，$y=6$　← 値域は，$-2 \leqq y \leqq 6$

ゆえに，右図より，$x=-1,\ 3$ で**最大値 6**,　← 最大値をとる x の値は，-1 と 3 の 2 つある

$x=1$ で**最小値 -2** をとる。

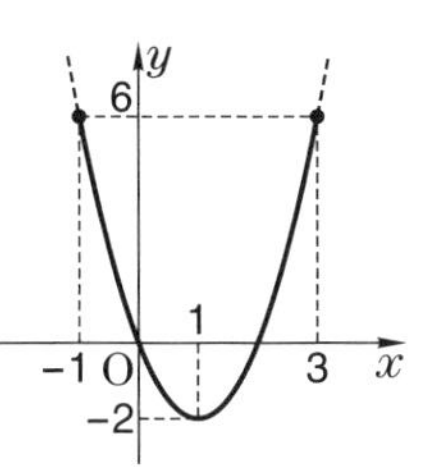

(4)　$y=-x^2+3x=-(x^2-3x)$

$=-\left\{\left(x-\dfrac{3}{2}\right)^2-\dfrac{9}{4}\right\}=-\left(x-\dfrac{3}{2}\right)^2+\dfrac{9}{4}$

よって，頂点$\left(\dfrac{3}{2},\ \dfrac{9}{4}\right)$

$x=0$ のとき，$y=0$，$x=4$ のとき，$y=-4$

ゆえに，右図より，$x=\dfrac{3}{2}$ で**最大値 $\dfrac{9}{4}$**，

$x=4$ で**最小値 -4** をとる。

←値域は，$-4\leqq y\leqq\dfrac{9}{4}$

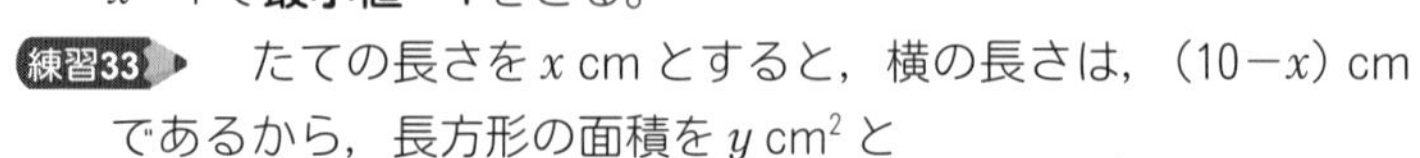
練習33　たての長さを x cm とすると，横の長さは，$(10-x)$ cm であるから，長方形の面積を y cm^2 と

すると，　$y=x(10-x)$

$=-x^2+10x$

$=-(x^2-10x)$

$=-\{(x-5)^2-25\}$

$=-(x-5)^2+25$

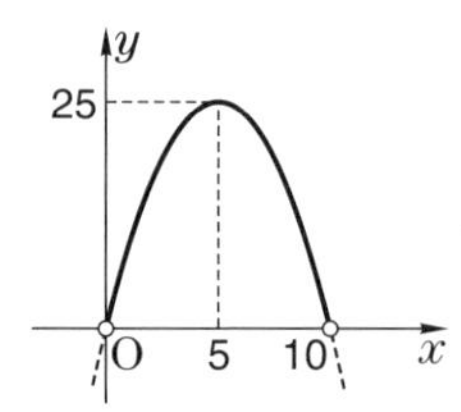

←x の 2 次関数をつくる

$0<x<10$ であるから，y は $x=5$ のとき最大となる。

よって，**1 辺 5 cm の正方形をつくればよい。**

←たて 1 辺の長さのとり得る値は，$0<x<10$

27　2 次関数の決定

与えられた条件から頂点や軸がわかる　→　$y=a(x-p)^2+q$

わからない　→　$y=ax^2+bx+c$　とおこう。

問27　(1)　頂点が (1, 3) であるから，　$y=a(x-1)^2+3$　…(＊)とおける。

これが，点 (2, 5) を通るから，$5=a(2-1)^2+3$

$a+3=5$　より　$a=2$

(＊)に代入して，$y=2(x-1)^2+3$

よって，　　$\boldsymbol{y=2x^2-4x+5}$

←頂点が与えられているので $y=a(x-p)^2+q$ とおく。このとき，a をつけずに $y=(x-1)^2+3$ とする誤りに注意

(2)　求める 2 次関数を，$y=ax^2+bx+c$　…(＊)とおくと，

このグラフが 3 点 (2, 0)，(0, 2)，(−2, −4) を通るから，

←与えられた 3 点からは，頂点や軸がわからないので $y=ax^2+bx+c$ とおく

$0=4a+2b+c$　…①，$2=c$　…②，

$-4=4a-2b+c$　…③

←3 点の座標を(＊)に代入する

②を①，③へ代入して整理すると，$2a+b=-1$，$2a-b=-3$

これを解いて，$a=-1$，$b=1$

②と合わせて(＊)へ代入すると，$\boldsymbol{y=-x^2+x+2}$

練習34　(1)　頂点が (−2, −3) であるから，

$y=a(x+2)^2-3$　…(＊)とおける。

←$y=(x+2)^2-3$ としないこと

これが，点 (0, −1) を通るから，$-1=4a-3$　より，$a=\dfrac{1}{2}$

←$x=0$，$y=-1$ を(＊)に代入する

(＊)へ代入して，$y=\dfrac{1}{2}(x+2)^2-3$　　よって，$\boldsymbol{y=\dfrac{1}{2}x^2+2x-1}$

(2)　軸の方程式が $x=2$ であるから，

$y=a(x-2)^2+q$　…(＊)とおける。

←頂点の x 座標も 2

これが，2 点 (1, −2)，(4, 4) を通るから，

$-2=a+q$　…①，$4=4a+q$　…②

①，②より，$a=2$，$q=-4$

(＊)へ代入して，$y=2(x-2)^2-4$　　よって，$\boldsymbol{y=2x^2-8x+4}$

(3)　求める 2 次関数を，$y=ax^2+bx+c$　…(＊)とおくと，

3 点（0，0)，(1，5)，(−1，−1）を通るから，

$0=c$　…①，$5=a+b+c$　…②，$-1=a-b+c$　…③

←3 点の座標を(＊)に代入する

①を②，③へ代入すると，$a+b=5$，$a-b=-1$

これを解いて，$a=2$，$b=3$

①と合わせて(＊)へ代入すると，$\boldsymbol{y=2x^2+3x}$

(4)　求める 2 次関数を，$y=ax^2+bx+c$　…(＊)とおくと，

3 点（−1，−3)，(1，3)，(2，3）を通るから，

←3 点の座標を(＊)に代入する

$-3=a-b+c$　…①，$3=a+b+c$　…②，

←①，②から a と c をいっぺんに消去できることに着目

$3=4a+2b+c$　…③，

②−①より，$2b=6$　　よって，$b=3$

②，③へ代入して，$a+c=0$，$4a+c=-3$

←b を①へ代入しても，$a+c=0$ となるので不要

これを解いて，$a=-1$，$c=1$

(＊)へ代入して，$\boldsymbol{y=-x^2+3x+1}$

(5)　求める 2 次関数を，$y=ax^2+bx+c$　…(＊)とおくと，

3 点（−2，0)，(−3，0)，(−1，4）を通るから，

$0=4a-2b+c$　…①，$0=9a-3b+c$　…②，

$4=a-b+c$　　…③

①−③より，$3a-b=-4$　…④

②−③より，$8a-2b=-4$　すなわち　$4a-b=-2$　…⑤

④，⑤より，$a=2$，$b=10$　　③へ代入して，$c=12$

(＊)へ代入して，$\boldsymbol{y=2x^2+10x+12}$

←別解　x 軸との交点の x 座標が
$x=-2$，-3 であるから
$y=a(x+2)(x+3)$
とおける。これが（−1，4）を通るから，$4=2a$ より
$a=2$
よって，$y=2(x+2)(x+3)$
$=2x^2+10x+12$

(6)　$x=-1$ で最大値 4 をとるから，グラフは上に凸の放物線で，

頂点の座標は（−1，4）である。

よって，$y=a(x+1)^2+4$　$(a<0)$　…(＊)とおける。

これが，点（0，3）を通るから，$3=a+4$ より，$a=-1$ (<0)

(＊)へ代入して，$y=-(x+1)^2+4$

よって，$\boldsymbol{y=-x^2-2x+3}$

←グラフは右図のようになる

←a を忘れないように

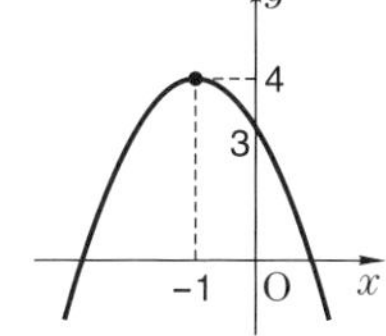

2 次方程式の解法

考え方　因数分解ができないときには，解の公式を利用する。

問28

(1)　$(x+1)(x-2)=0$

←$x+1=0$ または $x-2=0$

よって，$\boldsymbol{x=-1,\ 2}$

(2)　$x^2-4=0$　　$(x+2)(x-2)=0$

よって，$\boldsymbol{x=\pm 2}$

(3)　$3x^2+5x-2=0$　　$(x+2)(3x-1)=0$

←たすき掛けの因数分解

1	2 →	6
3	−1 →	−1
3	−2	5

よって，$\boldsymbol{x=-2,\ \dfrac{1}{3}}$

(4) $x^2+3x+1=0$

$$x=\frac{-3\pm\sqrt{3^2-4\cdot1\cdot1}}{2\cdot1}=\boldsymbol{\frac{-3\pm\sqrt{5}}{2}}$$

← $a=1$, $b=3$, $c=1$ を解の公式(I)に代入する

(5) $3x^2-6x-2=0$

$$x=\frac{-(-3)\pm\sqrt{(-3)^2-3\cdot(-2)}}{3}=\boldsymbol{\frac{3\pm\sqrt{15}}{3}}$$

← $3x^2+2\cdot(-3)x-2=0$
$a=3$, $b'=-3$, $c=-2$ を解の公式(II)に代入する

練習35

(1) $(x+1)(x+4)=0$ よって, $\boldsymbol{x=-1,\ -4}$

(2) $x^2-3x+2=0$ $(x-1)(x-2)=0$ よって, $\boldsymbol{x=1,\ 2}$

(3) $x^2-3x=0$ $x(x-3)=0$ よって, $\boldsymbol{x=0,\ 3}$

← $x=0$ を落とさないように

(4) $4x^2-4x+1=0$ $(2x-1)^2=0$ よって, $\boldsymbol{x=\frac{1}{2}}$

← 重解

(5) $3x^2-4x-4=0$ $(x-2)(3x+2)=0$

よって, $\boldsymbol{x=-\frac{2}{3},\ 2}$

← たすき掛けの因数分解
$3x^2+2\cdot(-2)x-4=0$ より, $a=3$, $b'=-2$, $c=-4$ を解の公式(II)に代入して, 求めることもできる
$x=\frac{-(-2)\pm\sqrt{(-2)^2-3\cdot(-4)}}{3}=\frac{2\pm\sqrt{16}}{3}$
$=\frac{2\pm4}{3}=2,\ -\frac{2}{3}$

(6) $x^2+5x+2=0$

$$x=\frac{-5\pm\sqrt{5^2-4\cdot1\cdot2}}{2}=\boldsymbol{\frac{-5\pm\sqrt{17}}{2}}$$

← $a=1$, $b=5$, $c=2$ を解の公式(I)に代入する

(7) $-2x^2-3x+1=0$ $2x^2+3x-1=0$

$$x=\frac{-3\pm\sqrt{3^2-4\cdot2\cdot(-1)}}{2\cdot2}=\boldsymbol{\frac{-3\pm\sqrt{17}}{4}}$$

← x^2 の係数が負のときは, 両辺に -1 を掛けてから, 解くとよい

(8) $3x^2+4x-2=0$

$$x=\frac{-2\pm\sqrt{2^2-3\cdot(-2)}}{3}=\boldsymbol{\frac{-2\pm\sqrt{10}}{3}}$$

← $3x^2+2\cdot2x-2=0$
$a=3$, $b'=2$, $c=-2$ を解の公式(II)に代入する

(9) $3x(2-x)=1$ $-3x^2+6x=1$ $3x^2-6x+1=0$

$$x=\frac{-(-3)\pm\sqrt{(-3)^2-3\cdot1}}{3}=\boldsymbol{\frac{3\pm\sqrt{6}}{3}}$$

← 展開して式を整理し, $ax^2+bx+c=0$ の形にする

(10) $x^2+\sqrt{8}x+2=0$

$$x=\frac{-\sqrt{8}\pm\sqrt{(\sqrt{8})^2-4\cdot1\cdot2}}{2}=\frac{-2\sqrt{2}}{2}=\boldsymbol{-\sqrt{2}}$$

← $x^2+2\sqrt{2}x+2=0$ として, 解の公式(II)を用いてもよい

29 2次方程式の解の判別

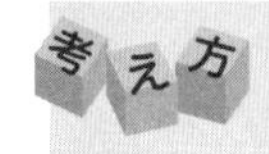

2次方程式の解の種類（異なる2つの実数解, 重解, 実数解なし）が問われているときは, 判別式 $D=b^2-4ac$ の値が, +, 0, −のいずれになるかを考える。

問29

(1) (i) $D=1^2-4\cdot1\cdot(-5)=21>0$ より,

異なる2つの実数解をもつ。

← $a=1$, $b=1$, $c=-5$ を, $D=b^2-4ac$ へ代入する

(ii) $D=3^2-4\cdot2\cdot3=-15<0$ より,

実数解をもたない。

← $a=2$, $b=3$, $c=3$ を, $D=b^2-4ac$ へ代入する

(2) 重解をもつのは, $D=0$ のときであるから,

$D=(-k)^2-4\cdot1\cdot9=0$

$k^2-36=0$ $(k+6)(k-6)=0$

よって, $\boldsymbol{k=\pm6}$

← $a=1$, $b=-k$, $c=9$ を $D=b^2-4ac$ へ代入する

$k=6$ のとき，$x^2-6x+9=0$　$(x-3)^2=0$ より，
重解は，$\boldsymbol{x=3}$
$k=-6$ のとき，$x^2+6x+9=0$　$(x+3)^2=0$ より，
重解は，$\boldsymbol{x=-3}$

←$k=6$ をもとの方程式に代入する
←$k=-6$ をもとの方程式に代入する

練習36

(1)　$D=1^2-4\cdot3\cdot(-4)=49>0$ より，**異なる 2 つの実数解をもつ。**
(2)　$D=(2\sqrt{3})^2-4\cdot1\cdot3=0$ より，**重解をもつ。**

←2 次方程式の解の判別は，判別式を用いる

練習37

(1)　重解をもつのは，$D=0$ のときであるから，
$D=k^2-4\cdot1\cdot(k+3)=0$
$k^2-4k-12=0$　$(k-6)(k+2)=0$
よって，$\boldsymbol{k=-2,\ 6}$
$k=-2$ のとき，$x^2-2x+1=0$　$(x-1)^2=0$ より，
重解は，$\boldsymbol{x=1}$
$k=6$ のとき，$x^2+6x+9=0$　$(x+3)^2=0$ より，
重解は，$\boldsymbol{x=-3}$
(2)　異なる 2 つの実数解をもつのは，$D>0$ のときであるから，
$D=3^2-4\cdot1\cdot2k>0$　$9-8k>0$　$9>8k$
よって，$\boldsymbol{k<\frac{9}{8}}$

←$a=1$，$b=k$，$c=k+3$ を D の式に代入する。$c=3$ ではないので注意！

←別解　解の公式は，判別式 D を用いると
$x=\frac{-b\pm\sqrt{D}}{2a}$
重解をもつときは $D=0$ より，$x=-\frac{b}{2a}$
本問では，重解は $x=-\frac{k}{2}$ となるから，これに $k=-2$，6 を代入して，$x=1$，-3 を得る

練習38

$D=(-6)^2-4\cdot3\cdot a=36-12a$
$D>0$ とすると，$36-12a>0$　$36>12a$　$a<3$
このとき，異なる 2 つの実数解をもつ。
$D=0$ とすると，$36-12a=0$　$36=12a$　$a=3$
このとき，重解をもつ。
$D<0$ とすると，$36-12a<0$　$36<12a$　$a>3$
このとき，実数解をもたない。
ゆえに，実数解の個数は，
$a<3$ のとき，2 個，$a=3$ のとき，1 個，$a>3$ のとき，0 個

←判別式 D の式を求めて，$D>0$，$D=0$，$D<0$ の 3 つに場合分けをする

30　2 次関数のグラフと x 軸との位置関係

2 次関数のグラフと x 軸との共有点の個数は，判別式 $D=b^2-4ac$ の値の符号で調べよう。

問30　(1)　$y=-x^2+x+2$ において，$y=0$ を代入すると，
$-x^2+x+2=0$　$x^2-x-2=0$　$(x-2)(x+1)=0$
よって，求める x 座標は，$\boldsymbol{x=-1,\ 2}$
(2)　$y=2x^2-6x-3$ について，
$D=(-6)^2-4\times2\times(-3)=36+24=60$
よって，$D>0$ であるから，**2 個**
(3)　$y=2x^2+kx+18$ のグラフが x 軸と接するのは，$D=0$ のときであるから，$D=k^2-4\times2\times18=0$ より，$k^2=144$

←x 軸上の点の y 座標は 0
←$D=b^2-4ac$ に代入する。$D>0$ より $2x^2-6x-3=0$ は異なる 2 つの実数解をもつ
←x 軸と接するのは $2x^2+kx+18=0$ が重解をもつときであるから，$D=0$

よって，$\boldsymbol{k=\pm 12}$

練習39　(1)　$-x^2+3x+10=0$ とすると，$x^2-3x-10=0$

←x^2 の係数が負のときは，両辺に -1 を掛けておくとよい

よって，$(x-5)(x+2)=0$　　$x=-2,\ 5$

ゆえに，求める座標は **(−2，0)，(5，0)**

(2)　$2x^2-3x+1=0$ とすると，$(2x-1)(x-1)=0$

←たすき掛けの因数分解を考える。解の公式を用いてもよい

よって，$x=\dfrac{1}{2},\ 1$

ゆえに，求める座標は $\boldsymbol{\left(\dfrac{1}{2},\ 0\right),\ (1,\ 0)}$

練習40　(1)　$y=5x^2+3x+6$ について，

$D=3^2-4\times5\times6=-111<0$

←$D=b^2-4ac$ に代入する。$D<0$ より，$5x^2+3x+6=0$ は実数解をもたない

よって，**0 個**

(2)　$y=-3x^2-4x+2$ について，

$D=(-4)^2-4\times(-3)\times2=40>0$

←$D>0$ より，$-3x^2-4x+2=0$ は異なる 2 つの実数解をもつ

よって，**2 個**

練習41　(1)　$y=x^2+kx+9$ のグラフが x 軸と接するのは，$D=0$ のときであるから，$D=k^2-4\times1\times9=0$ より，$k^2=36$

よって，$\boldsymbol{k=\pm 6}$

$k=6$ のとき，$y=x^2+6x+9=(x+3)^2$ であるから，

←$k=6$ のとき，接点の x 座標は $(x+3)^2=0$ の解

接点の座標は (−3，0)

$k=-6$ のとき，$y=x^2-6x+9=(x-3)^2$ であるから，

←$k=-6$ のとき，接点の x 座標は $(x-3)^2=0$ の解

接点の座標は (3，0)

(2)　$y=-2x^2+3x+a$ のグラフが x 軸と共有点をもたないのは，$D<0$ のときであるから，

$D=3^2-4\times(-2)\times a<0$　　$8a+9<0$

←1 次不等式を解く

よって，$\boldsymbol{a<-\dfrac{9}{8}}$

31　2 次不等式 (1)

$ax^2+bx+c=0$ ($a>0$) が異なる 2 つの実数解 α，β ($\alpha<\beta$) をもつときは，2 次不等式の解は

$ax^2+bx+c<0$ のとき，$\alpha<x<\beta$

$ax^2+bx+c>0$ のとき，$x<\alpha$，$\beta<x$

グラフと関連づけて理解しておこう。

問31　(1)　$(x-1)(x+3)\leqq 0$

←$y=(x-1)(x+3)$ の $y\leqq 0$ の部分

$\boldsymbol{-3\leqq x\leqq 1}$

(2)　$x^2-2x-8\geqq 0$

←$y=x^2-2x-8$ の $y\geqq 0$ の部分

$(x-4)(x+2)\geqq 0$

よって，$\boldsymbol{x\leqq -2,\ 4\leqq x}$

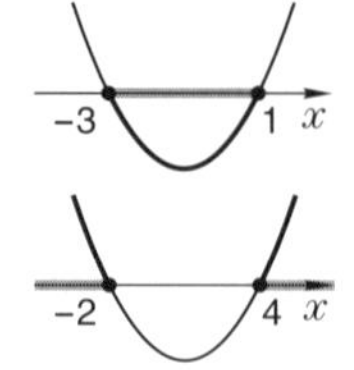

(3)　$2x^2+x-2=0$ の解は

$x=\dfrac{-1\pm\sqrt{1^2-4\times2\times(-2)}}{2\times2}=\dfrac{-1\pm\sqrt{17}}{4}$

←因数分解できないときは，解の公式を用いる

よって，$2x^2+x-2<0$ の解は

←$y=2x^2+x-2$ の $y<0$ の部分

$\boldsymbol{\dfrac{-1-\sqrt{17}}{4}<x<\dfrac{-1+\sqrt{17}}{4}}$

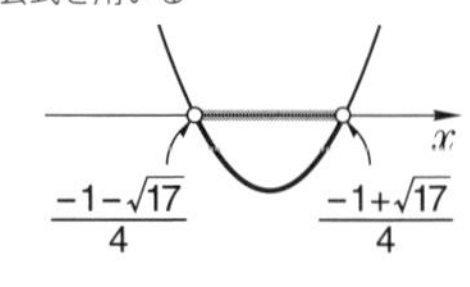

練習42 (1)　$(x-2)(x-5)<0$ より，$\boldsymbol{2<x<5}$

←$y=(x-2)(x-5)$ の $y<0$ の部分

(2)　$(2x+1)(x-2)\geqq 0$ より，$\boldsymbol{x\leqq -\frac{1}{2},\ 2\leqq x}$

←$y=(2x+1)(x-2)$ の $y\geqq 0$ の部分

(3)　$x^2-7x+12\leqq 0$

$(x-3)(x-4)\leqq 0$ より，$\boldsymbol{3\leqq x\leqq 4}$

←$y=(x-3)(x-4)$ の $y\leqq 0$ の部分

(4)　$x-3x^2<0$ の両辺に -1 を掛けて，$3x^2-x>0$

$x(3x-1)>0$ より，$\boldsymbol{x<0,\ \frac{1}{3}<x}$

←x^2 の係数は正の数にしておく。負の数を掛けるので不等号の向きを変えること

(5)　$x^2-9<0$

$(x+3)(x-3)<0$ より，$\boldsymbol{-3<x<3}$

←$x^2<9$ より $x<\pm 3$ とする誤りに注意

(6)　$2x^2-7x+3\geqq 0$

$(2x-1)(x-3)\geqq 0$ より，$\boldsymbol{x\leqq \frac{1}{2},\ 3\leqq x}$

←たすき掛けの因数分解

(7)　$-x^2+x+1\geqq 0$ の両辺に -1 を掛けて，$x^2-x-1\leqq 0$

$x^2-x-1=0$ の解は，$x=\dfrac{1\pm\sqrt{5}}{2}$ であるから，

$$\boldsymbol{\frac{1-\sqrt{5}}{2}\leqq x\leqq \frac{1+\sqrt{5}}{2}}$$

←x^2 の係数を正の数にする。不等号の向きに注意

←因数分解できないときには，解の公式を用いる

←$x\leqq\frac{1-\sqrt{5}}{2}$，$\frac{1+\sqrt{5}}{2}\leqq x$ とする誤りに注意

(8)　$2x^2+4x-3=0$ の解は，

$$x=\frac{-4\pm\sqrt{40}}{4}=\frac{-4\pm 2\sqrt{10}}{4}=\frac{-2\pm\sqrt{10}}{2}$$

であるから，$2x^2+4x-3>0$ の解は，

$$\boldsymbol{x<\frac{-2-\sqrt{10}}{2},\ \frac{-2+\sqrt{10}}{2}<x}$$

←$2x^2+2\times 2x-3=0$ より
$x=\dfrac{-2\pm\sqrt{4+6}}{2}=\dfrac{-2\pm\sqrt{10}}{2}$
としてもよい

32　2次不等式 (2)

$ax^2+bx+c=0$ $(a>0)$ が，重解 α をもつときや実数解をもたないときは，右図のグラフと不等式の表す部分に着目しよう。

重解

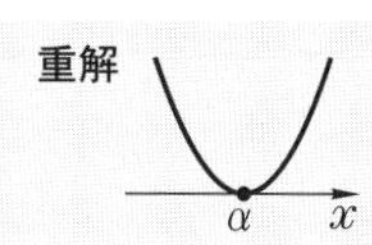

実数解をもたない

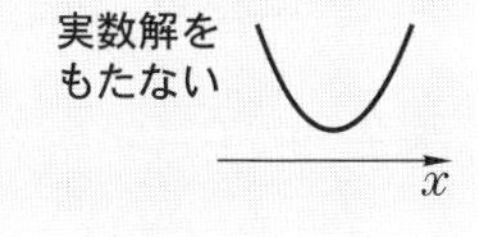

問32 (1)　(i)　$x^2-6x+9\leqq 0$

$(x-3)^2\leqq 0$

よって，$\boldsymbol{x=3}$

←

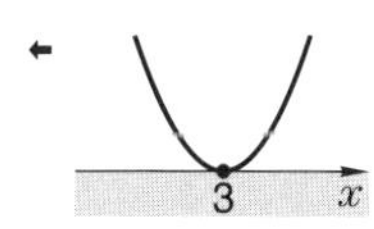

$(x-3)^2\leqq 0$
$\Leftrightarrow (x-3)^2<0$ または $(x-3)^2=0$
↑ 解はない　↑ $x=3$

(ii)　$x^2-x+1=\left(x-\dfrac{1}{2}\right)^2+\dfrac{3}{4}>0$ より，

$x^2-x+1\geqq 0$ の解は，**すべての実数**

←平方完成をすると
(　)^2+(正の数)>0
となるから，すべての実数について成り立つ

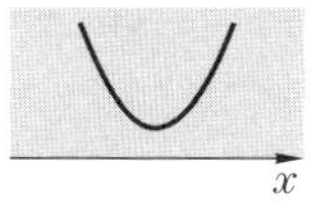

(2)　$x^2+2x-8<0$ の解は，$(x+4)(x-2)<0$ より，

$-4<x<2$　…①

$x^2-4x+3\leqq 0$ の解は，$(x-1)(x-3)\leqq 0$ より，

$1\leqq x\leqq 3$　…②

①，②より，$\boldsymbol{1\leqq x<2}$

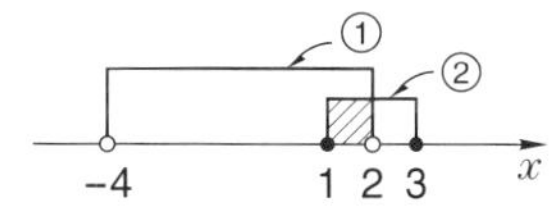

←①と②の共通部分を調べる

練習43 (1)　$x^2-2x+1<0$　$(x-1)^2<0$ より，**解なし**

←すべての実数 x について，$(x-1)^2\geqq 0$ である

(2)　$4x^2-4x+1\geqq 0$　$(2x-1)^2\geqq 0$ より，**すべての実数**

←すべての実数 x について，$(2x-1)^2\geqq 0$ を満たす

(3)　$x^2+2x+5=(x+1)^2+4>0$ より，

$x^2+2x+5>0$ の解は，**すべての実数**

(4)　$-2x^2+4x-3\geqq 0$ の両辺に -1 を掛けて，$2x^2-4x+3\leqq 0$　← -1 を掛けるので不等号の向きを変える

$2x^2-4x+3=2(x^2-2x)+3=2\{(x-1)^2-1\}+3$　← 平方完成する

$=2(x-1)^2+1>0$

よって，$2x^2-4x+3\leqq 0$ の**解はない。**

練習44　(1)　$x^2+2x-3>0$ より，$(x+3)(x-1)>0$

よって，$x<-3$，$1<x$　…①

$x^2-4\leqq 0$ より，$(x+2)(x-2)\leqq 0$

よって，$-2\leqq x\leqq 2$　…②

①，②より，$\boldsymbol{1<x\leqq 2}$

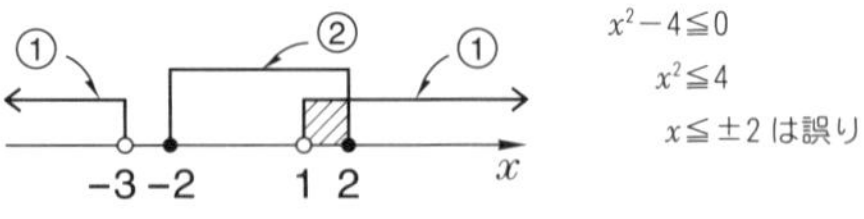

$x^2-4\leqq 0$
$x^2\leqq 4$
$x\leqq \pm 2$ は誤り

← ①と②の共通部分を調べる

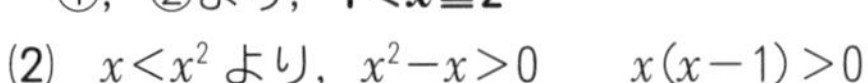

(2)　$x<x^2$ より，$x^2-x>0$　　$x(x-1)>0$

よって，$x<0$，$1<x$　…①

$x^2<3x$ より，$x^2-3x<0$　　$x(x-3)<0$

よって，$0<x<3$　…②

①，②より，$\boldsymbol{1<x<3}$

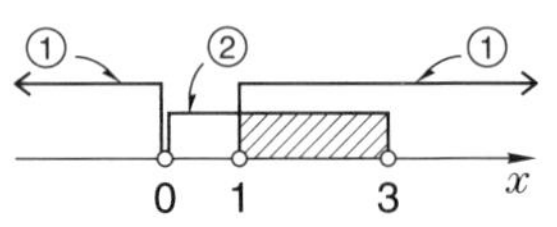

$x=0$ は①も②も満たさないので共通部分には含まれない

← ①と②の共通部分を調べる

練習45　(1)　①が実数解をもつとき，$D=m^2-4\times 1\times 9\geqq 0$　← 2 次方程式が実数解をもつ条件は $D\geqq 0$

$m^2-36\geqq 0$　　$(m+6)(m-6)\geqq 0$　← $m^2\geqq 36$ より $m\geqq \pm 6$ は誤り

よって，$\boldsymbol{m\leqq -6,\ 6\leqq m}$　…③

(2)　②が実数解をもたないとき，$D=m^2-4\times 1\times 2m<0$

$m^2-8m<0$　　$m(m-8)<0$

よって，$0<m<8$　…④

③，④より，$\boldsymbol{6\leqq m<8}$

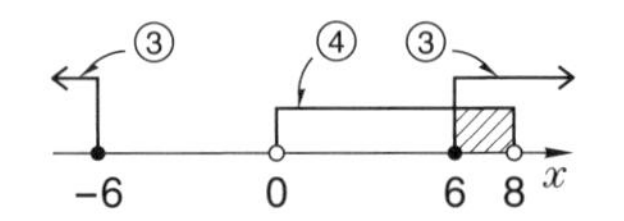

← ③と④の共通部分を調べる

33 三角比

三角比を求める式を確実に覚えよう。
30°，45°，60°の三角比は，直角三角形の辺の比を利用しよう。

問33　(1)　(i)　$a=\sqrt{11}$，$b=5$，$c=6$ より，

$\sin A=\dfrac{\sqrt{11}}{6}$，$\cos A=\dfrac{5}{6}$，$\tan A=\dfrac{\sqrt{11}}{5}$

(ii)　$\mathrm{AB}=c$ とすると，三平方の定理より，

$c^2=1^2+2^2=5$　$c>0$ より，$c=\sqrt{5}$ であるから，

$\sin A=\dfrac{1}{\sqrt{5}}=\dfrac{\sqrt{5}}{5}$，$\cos A=\dfrac{2}{\sqrt{5}}=\dfrac{2\sqrt{5}}{5}$，$\tan A=\dfrac{1}{2}$

←
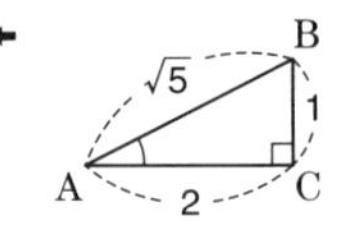

(2)　(i)　$\sin 30^\circ=\dfrac{1}{2}$

(ii)　$\tan 60^\circ=\dfrac{\sqrt{3}}{1}=\sqrt{3}$

←
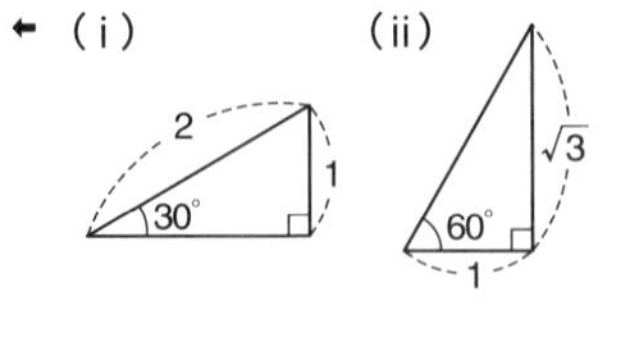

練習46　(1)　三平方の定理より，$\mathrm{AB}^2=9+4=13$

$\mathrm{AB}>0$ より，$\mathrm{AB}=\sqrt{13}$ であるから，

$\sin A=\dfrac{2}{\sqrt{13}}=\dfrac{2\sqrt{13}}{13}$，$\cos A=\dfrac{3}{\sqrt{13}}=\dfrac{3\sqrt{13}}{13}$，$\tan A=\dfrac{2}{3}$

$\sin B=\dfrac{3}{\sqrt{13}}=\dfrac{3\sqrt{13}}{13}$，$\cos B=\dfrac{2}{\sqrt{13}}=\dfrac{2\sqrt{13}}{13}$，$\tan B=\dfrac{3}{2}$

←
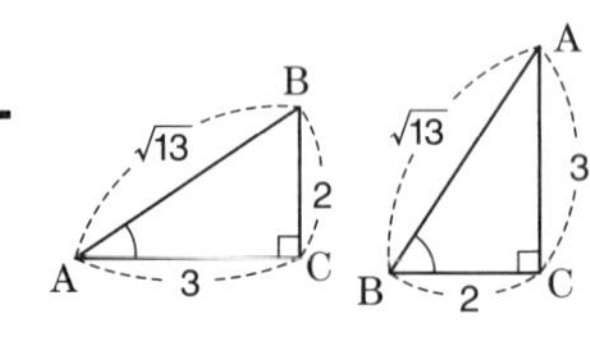

(2)　三平方の定理より，$BC^2=25-4=21$

$BC>0$ より，$BC=\sqrt{21}$ であるから，

$\sin A=\dfrac{\sqrt{21}}{5}$，$\cos A=\dfrac{2}{5}$，$\tan A=\dfrac{\sqrt{21}}{2}$

$\sin B=\dfrac{2}{5}$，$\cos B=\dfrac{\sqrt{21}}{5}$，$\tan B=\dfrac{2}{\sqrt{21}}=\dfrac{2\sqrt{21}}{21}$

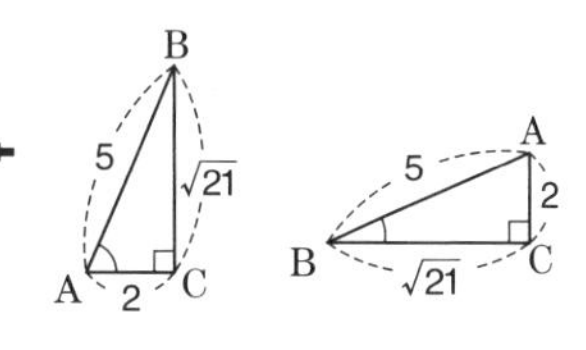

練習47　(1)　$\tan 45°=\dfrac{1}{1}=\mathbf{1}$　(2)　$\cos 60°=\dfrac{1}{2}$　(3)　$\sin 45°=\dfrac{1}{\sqrt{2}}=\dfrac{\sqrt{2}}{2}$　(4)　$\cos 30°=\dfrac{\sqrt{3}}{2}$

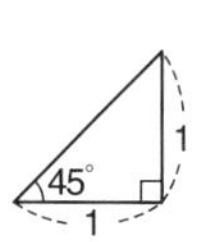

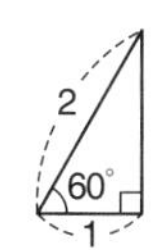

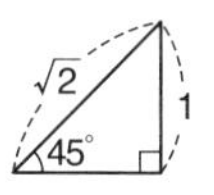

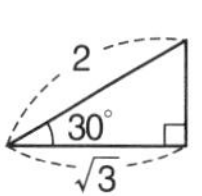

練習48　ビルの高さを x(m)とすると，

$\tan 60°=\dfrac{x}{10}$　より　$\sqrt{3}=\dfrac{x}{10}$

よって，$x=\mathbf{10\sqrt{3}}$ **(m)**

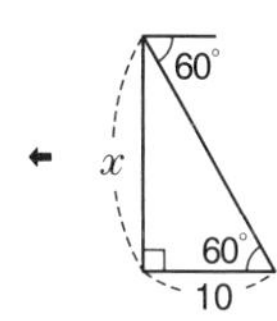

34　三角比の拡張

考え方　**角と半円の交点の座標と半径の決め方を理解しよう。**

問34　(1)

$\sin 135°=\dfrac{1}{\sqrt{2}}=\dfrac{\sqrt{2}}{2}$

座標を(1，1)としないこと。➡
90°より大きい角では x 座標は負になる

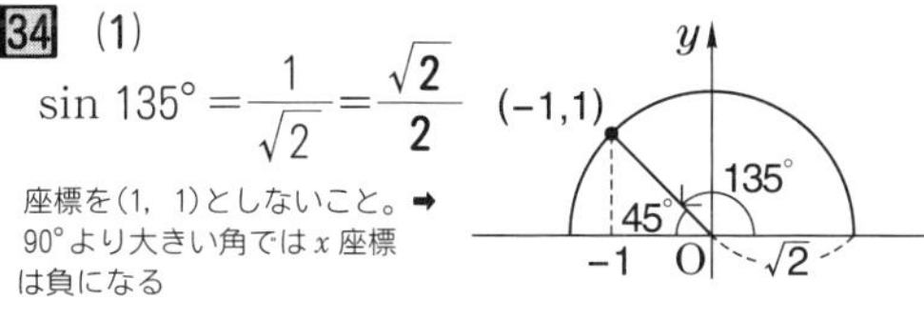

(2)　$\tan 180°=\dfrac{0}{-1}=\mathbf{0}$

半径は何でもよいので1とした➡

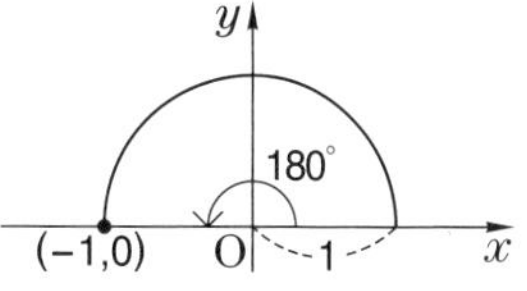

練習49　(1)

$\sin 120°=\dfrac{\sqrt{3}}{2}$

半径1の円で考えると座標は➡

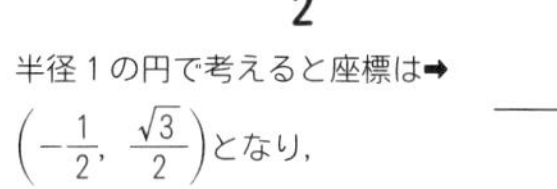

$\left(-\dfrac{1}{2},\ \dfrac{\sqrt{3}}{2}\right)$となり，

x 座標が $\cos 120°$，y 座標が $\sin 120°$ の値になる

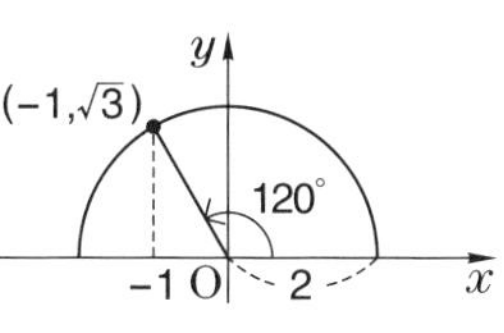

(2)　$\cos 150°=-\dfrac{\sqrt{3}}{2}$

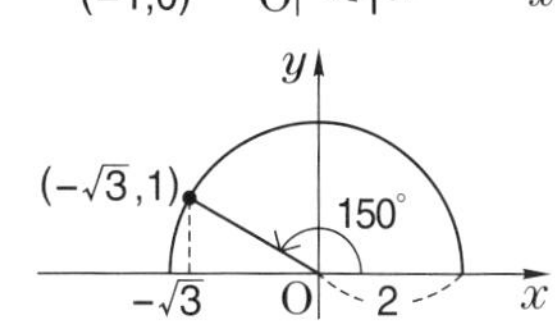

(3)　$\tan 135°=\dfrac{1}{-1}$

$=\mathbf{-1}$

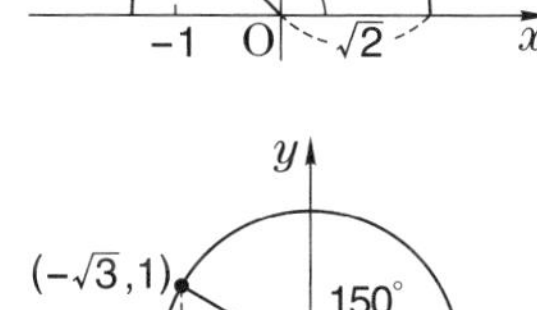

(4)　$\cos 0°=\dfrac{1}{1}=\mathbf{1}$

半径は何でもよいので，たとえば3にすると座標は(3，0)となるが ➡
$\cos 0°=\dfrac{3}{3}=1$

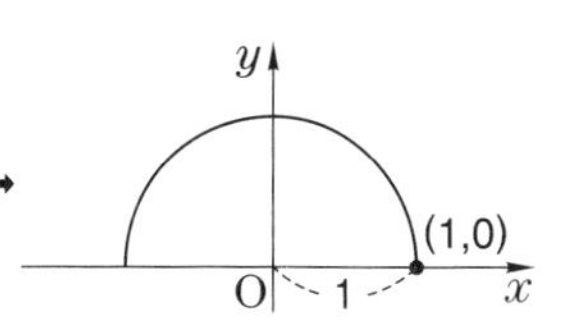

(5)　$\tan 150°=\dfrac{1}{-\sqrt{3}}$

$=-\dfrac{\sqrt{3}}{3}$

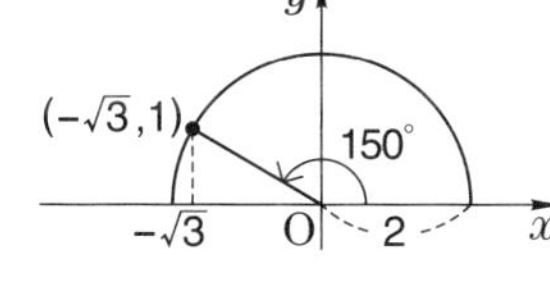

(6)　$\sin 180°=\dfrac{0}{1}=\mathbf{0}$

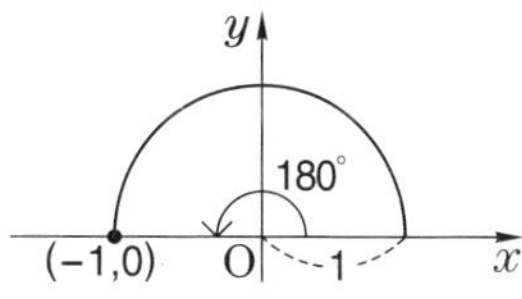

(7)　$\cos 135°=\dfrac{-1}{\sqrt{2}}$

$=-\dfrac{\sqrt{2}}{2}$

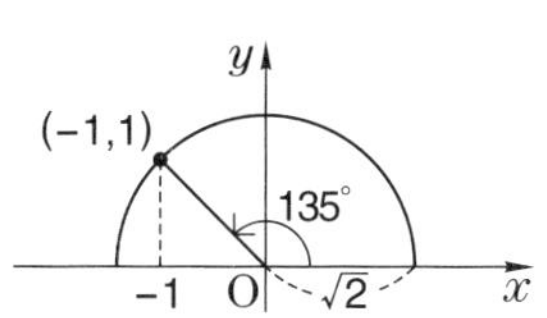

(8)　$\sin 150°=\dfrac{1}{2}$

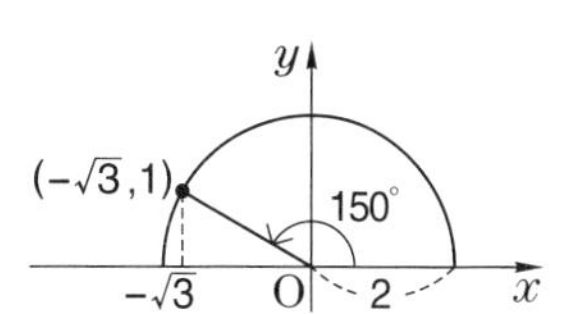

35 三角比の相互関係 (1)

三角比の 1 つの値が与えられると，三角比の相互関係により，他の 2 つの三角比が求められる。

問35 (1) $\sin^2\theta+\cos^2\theta=1$ より，$\cos^2\theta=1-\sin^2\theta=1-\left(\dfrac{3}{4}\right)^2=\dfrac{7}{16}$

θ は鈍角であるから，$\cos\theta<0$　よって，$\boldsymbol{\cos\theta=-\dfrac{\sqrt{7}}{4}}$

← θ についての条件から，$\cos\theta$ の符号が決まる

また，$\boldsymbol{\tan\theta}=\dfrac{\sin\theta}{\cos\theta}=\dfrac{3}{4}\div\left(-\dfrac{\sqrt{7}}{4}\right)=-\dfrac{3}{\sqrt{7}}=\boldsymbol{-\dfrac{3\sqrt{7}}{7}}$

← $\dfrac{\sin\theta}{\cos\theta}=\sin\theta\div\cos\theta$

(2) $1+\tan^2\theta=\dfrac{1}{\cos^2\theta}$ より，$\dfrac{1}{\cos^2\theta}=1+3^2=10$　よって，$\cos^2\theta=\dfrac{1}{10}$

θ は鋭角であるから，$\cos\theta>0$　ゆえに，$\boldsymbol{\cos\theta}=\dfrac{1}{\sqrt{10}}=\boldsymbol{\dfrac{\sqrt{10}}{10}}$

← θ についての条件から，$\cos\theta$ の符号が決まる

また，$\tan\theta=\dfrac{\sin\theta}{\cos\theta}$ より，$\boldsymbol{\sin\theta}=\tan\theta\times\cos\theta=\boldsymbol{\dfrac{3\sqrt{10}}{10}}$

練習50 (1) $\sin^2\theta=1-\cos^2\theta=1-\left(\dfrac{2}{5}\right)^2=\dfrac{21}{25}$

θ は鋭角であるから，$\sin\theta>0$　よって，$\boldsymbol{\sin\theta=\dfrac{\sqrt{21}}{5}}$

また，$\boldsymbol{\tan\theta}=\dfrac{\sin\theta}{\cos\theta}=\dfrac{\sqrt{21}}{5}\div\dfrac{2}{5}=\boldsymbol{\dfrac{\sqrt{21}}{2}}$

←別解　$\cos\theta=\dfrac{2}{5}=\dfrac{x}{r}$

半径 5 の半円において

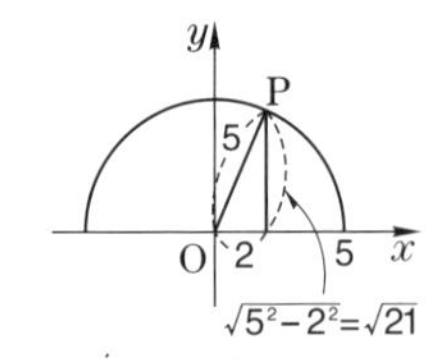

よって P$(2,\ \sqrt{21})$，$r=5$

ゆえに，$\sin\theta=\dfrac{y}{r}=\dfrac{\sqrt{21}}{5}$

$\tan\theta=\dfrac{y}{x}=\dfrac{\sqrt{21}}{2}$

(2) $\cos^2\theta=1-\sin^2\theta=1-\left(\dfrac{\sqrt{5}}{3}\right)^2=\dfrac{4}{9}$

θ は鈍角であるから，$\cos\theta<0$　よって，$\boldsymbol{\cos\theta=-\dfrac{2}{3}}$

また，$\boldsymbol{\tan\theta}=\dfrac{\sin\theta}{\cos\theta}=\dfrac{\sqrt{5}}{3}\div\left(-\dfrac{2}{3}\right)=\boldsymbol{-\dfrac{\sqrt{5}}{2}}$

(3) $1+\tan^2\theta=\dfrac{1}{\cos^2\theta}$ より，$\dfrac{1}{\cos^2\theta}=1+(-4)^2=17$　よって，$\cos^2\theta=\dfrac{1}{17}$

$90^\circ<\theta<180^\circ$ より $\cos\theta<0$ であるから，$\boldsymbol{\cos\theta}=-\dfrac{1}{\sqrt{17}}=\boldsymbol{-\dfrac{\sqrt{17}}{17}}$

また，$\tan\theta=\dfrac{\sin\theta}{\cos\theta}$ より，$\boldsymbol{\sin\theta}=\tan\theta\times\cos\theta=-4\times\left(-\dfrac{\sqrt{17}}{17}\right)=\boldsymbol{\dfrac{4\sqrt{17}}{17}}$

←別解　$\tan\theta=-4=\dfrac{4}{-1}=\dfrac{y}{x}$

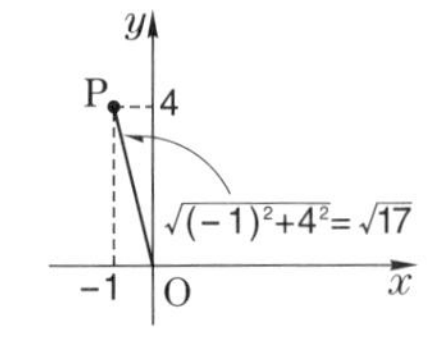

P$(-1,\ 4)$，$r=\sqrt{17}$

ゆえに，$\sin\theta=\dfrac{4}{\sqrt{17}}$

$\cos\theta=-\dfrac{1}{\sqrt{17}}$

(4) $1+\tan^2\theta=\dfrac{1}{\cos^2\theta}$ より，$\dfrac{1}{\cos^2\theta}=1+(-\sqrt{2})^2=3$　よって，$\cos^2\theta=\dfrac{1}{3}$

$0^\circ<\theta<180^\circ$ で，$\tan\theta<0$ より，$90^\circ<\theta<180^\circ$

← $\tan\theta=-\sqrt{2}<0$ である

ゆえに，$\cos\theta<0$ より，$\boldsymbol{\cos\theta}=-\dfrac{1}{\sqrt{3}}=\boldsymbol{-\dfrac{\sqrt{3}}{3}}$

また，$\tan\theta=\dfrac{\sin\theta}{\cos\theta}$ より，$\boldsymbol{\sin\theta}=\tan\theta\times\cos\theta=(-\sqrt{2})\times\left(-\dfrac{\sqrt{3}}{3}\right)=\boldsymbol{\dfrac{\sqrt{6}}{3}}$

練習51 (1) $(\sin\theta+\cos\theta)^2+(\sin\theta-\cos\theta)^2$

← 展開して整理する

$=(\sin^2\theta+2\sin\theta\cos\theta+\cos^2\theta)+(\sin^2\theta-2\sin\theta\cos\theta+\cos^2\theta)$

$=2(\sin^2\theta+\cos^2\theta)=2\cdot1=\boldsymbol{2}$

(2)　$\cos\theta(\sin\theta\tan\theta+\cos\theta)=\cos\theta\sin\theta\tan\theta+\cos^2\theta$

$=\cos\theta\sin\theta\cdot\dfrac{\sin\theta}{\cos\theta}+\cos^2\theta=\sin^2\theta+\cos^2\theta=\mathbf{1}$　　← $\tan\theta$ を $\sin\theta$，$\cos\theta$ で表す

36 三角比の相互関係 (2)

90° − θ，180° − θ の三角比の公式を活用しよう。

問36　(1)　(i)　$\sin 80^\circ=\sin(90^\circ-10^\circ)=\mathbf{\cos 10^\circ}$　　← $\sin(90^\circ-\theta)=\cos\theta$

(ii)　$\tan 140^\circ=\tan(180^\circ-40^\circ)=\mathbf{-\tan 40^\circ}$　　← $\tan(180^\circ-\theta)=-\tan\theta$

(2)　$A+B+C=180^\circ$ より，$A+B=180^\circ-C$ であるから，

$$\cos\frac{A+B}{2}=\cos\frac{180^\circ-C}{2}=\cos\left(90^\circ-\frac{C}{2}\right)=\sin\frac{C}{2}$$

← $\cos(90^\circ-\theta)=\sin\theta$

練習52　(1)　$\cos(90^\circ-\theta)-\sin(180^\circ-\theta)=\sin\theta-\sin\theta=\mathbf{0}$　　← $\cos(90^\circ-\theta)=\sin\theta$，$\sin(180^\circ-\theta)=\sin\theta$

(2)　$\tan(90^\circ-\theta)\tan(180^\circ-\theta)=\dfrac{1}{\tan\theta}\times(-\tan\theta)=\mathbf{-1}$　　← $\tan(90^\circ-\theta)=\dfrac{1}{\tan\theta}$，$\tan(180^\circ-\theta)=-\tan\theta$

練習53　$A+B+C=180^\circ$ より，$B+C=180^\circ-A$ であるから，

$$\tan\frac{A}{2}\tan\frac{B+C}{2}=\tan\frac{A}{2}\tan\frac{180^\circ-A}{2}$$

$$=\tan\frac{A}{2}\tan\left(90^\circ-\frac{A}{2}\right)=\tan\frac{A}{2}\cdot\frac{1}{\tan\frac{A}{2}}=1$$

← $\tan(90^\circ-\theta)=\dfrac{1}{\tan\theta}$

37 三角比の方程式

$\sin\theta=\dfrac{y\ (座標)}{r\ (半径)}$，$\cos\theta=\dfrac{x\ (座標)}{r\ (半径)}$ より，半径 r の円をかく。$\tan\theta=\dfrac{y\ (座標)}{x\ (座標)}$ より点$(x,\ y)$ $(y>0)$をとる。

問37

(1)　右図(1)より，　$\boldsymbol{\theta=45^\circ}$

(2)　右図(2)より，　$\boldsymbol{\theta=30^\circ，150^\circ}$

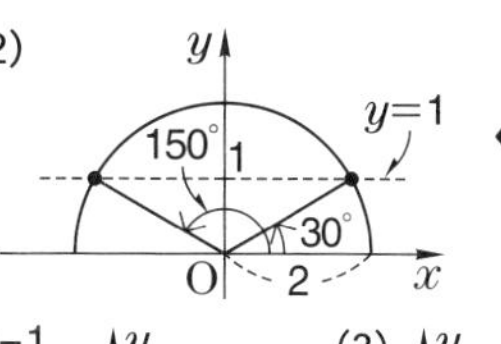

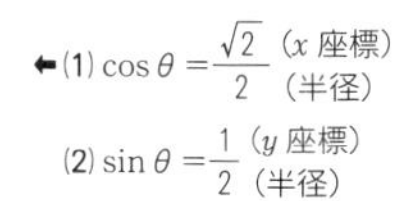

← (1) $\cos\theta=\dfrac{\sqrt{2}}{2}\ \dfrac{(x\ 座標)}{(半径)}$，(2) $\sin\theta=\dfrac{1}{2}\ \dfrac{(y\ 座標)}{(半径)}$

練習54

(1)　右図(1)より，　$\boldsymbol{\theta=45^\circ，135^\circ}$

(2)　右図(2)より，　$\boldsymbol{\theta=120^\circ}$

(3)　右図(3)より，　$\boldsymbol{\theta=60^\circ}$

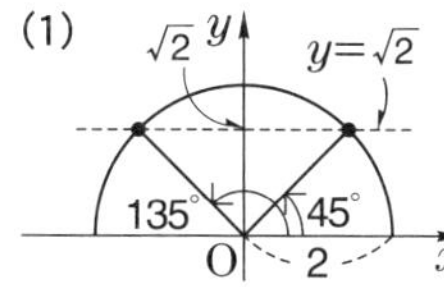

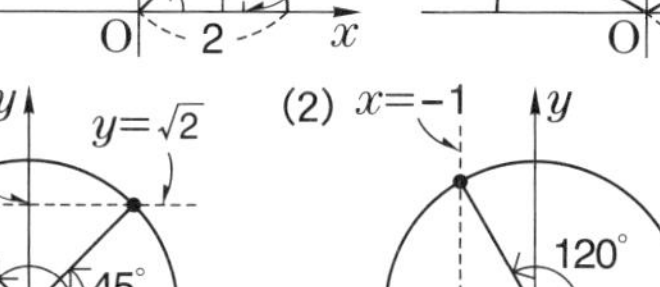

← $\tan\theta=\sqrt{3}=\dfrac{\sqrt{3}}{1}\ \dfrac{(y\ 座標)}{(x\ 座標)}$

38 正弦定理

向かい合うひと組の辺と角の大きさがわかっているときや外接円の半径を求めたいときは，正弦定理の利用を考えよう。

問38　(1)　正弦定理より，$\dfrac{b}{\sin 60^\circ}=\dfrac{4}{\sin 45^\circ}$ であるから，

$$b=\frac{4}{\sin 45^\circ}\times\sin 60^\circ=\frac{4}{\frac{1}{\sqrt{2}}}\times\frac{\sqrt{3}}{2}=\mathbf{2\sqrt{6}}$$

← $\dfrac{b}{\sin B}=\dfrac{c}{\sin C}$

別解　$b:c=\sin B:\sin C$ より，$b:c=\sin 60^\circ:\sin 45^\circ$

$b:4=\dfrac{\sqrt{3}}{2}:\dfrac{\sqrt{2}}{2}=\sqrt{3}:\sqrt{2}$，$b=\dfrac{4\sqrt{3}}{\sqrt{2}}=2\sqrt{6}$

(2)　正弦定理より，$2R=\dfrac{6}{\sin 150^\circ}=\dfrac{6}{\dfrac{1}{2}}=12$　　← $\dfrac{b}{\sin B}=2R$，$\dfrac{6}{\dfrac{1}{2}}=6\div\dfrac{1}{2}=6\times2=12$

よって，$\boldsymbol{R=6}$

練習55　(1)　正弦定理より，$\dfrac{\sqrt{3}}{\sin 120^\circ}=\dfrac{b}{\sin 45^\circ}$ であるから，　　← $\dfrac{a}{\sin A}=\dfrac{b}{\sin B}$

$b=\dfrac{\sqrt{3}}{\sin 120^\circ}\times\sin 45^\circ=\dfrac{\sqrt{3}}{\dfrac{\sqrt{3}}{2}}\times\dfrac{\sqrt{2}}{2}=\boldsymbol{\sqrt{2}}$

(2)　正弦定理より，$2R=\dfrac{10}{\sin 135^\circ}=\dfrac{10}{\dfrac{1}{\sqrt{2}}}=10\sqrt{2}$　　← $\dfrac{a}{\sin A}=2R$

よって，$\boldsymbol{R=5\sqrt{2}}$

(3)　正弦定理より，$\dfrac{a}{\sin 30^\circ}=\dfrac{b}{\sin 135^\circ}=2\times\sqrt{6}$ であるから，　　← $\dfrac{a}{\sin A}=\dfrac{b}{\sin B}=2R$

$a=2\sqrt{6}\sin 30^\circ=2\sqrt{6}\times\dfrac{1}{2}=\boldsymbol{\sqrt{6}}$，

$b=2\sqrt{6}\sin 135^\circ=2\sqrt{6}\times\dfrac{\sqrt{2}}{2}=\boldsymbol{2\sqrt{3}}$

(4)　$A=180^\circ-(B+C)=180^\circ-(60^\circ+75^\circ)=45^\circ$ であるから，　　← 三角形の内角の和は 180°

正弦定理より，$2R=\dfrac{b}{\sin 60^\circ}=\dfrac{8}{\sin 45^\circ}=\dfrac{8}{\dfrac{1}{\sqrt{2}}}=8\sqrt{2}$　　← $\dfrac{a}{\sin A}=\dfrac{b}{\sin B}=2R$

よって，$b=8\sqrt{2}\sin 60^\circ=8\sqrt{2}\times\dfrac{\sqrt{3}}{2}=\boldsymbol{4\sqrt{6}}$，$R=\dfrac{8\sqrt{2}}{2}=\boldsymbol{4\sqrt{2}}$

(5)　正弦定理より，$\dfrac{3}{\sin 60^\circ}=\dfrac{\sqrt{6}}{\sin B}$ であるから，　　← $\dfrac{a}{\sin A}=\dfrac{b}{\sin B}$

$\sin B=\sqrt{6}\times\dfrac{\sin 60^\circ}{3}=\sqrt{6}\times\dfrac{\sqrt{3}}{2}\times\dfrac{1}{3}=\dfrac{\sqrt{2}}{2}$　　← $\sin B=\dfrac{\sqrt{2}}{2}$ より $B=45^\circ$，135°

$A=60^\circ$ より，$B<180^\circ-60^\circ=120^\circ$　　← ところが，$B<120^\circ$ より，135° は不適

よって，$\boldsymbol{B=45^\circ}$

(6)　正弦定理より，$\dfrac{a}{\sin A}=2R=2a$　　← $R=a$ であるから，$\dfrac{\cancel{a}}{\sin A}=2\cancel{a}$

よって，$\sin A=\dfrac{1}{2}$　　両辺に $\dfrac{\sin A}{2}$ を掛ける

ゆえに，$\boldsymbol{A=30^\circ，150^\circ}$　　← $0^\circ<A<180^\circ$ より

39　余弦定理

考え方　**2辺と1つの角がわかっていて他の1辺を求めるときや，3辺がわかっていて角を求めるときには，余弦定理の利用を考えよう。**

 (1)　(i)　余弦定理より，$b^2=(\sqrt{3})^2+(\sqrt{6})^2-2\times\sqrt{3}\times\sqrt{6}\cos 45^\circ$　　← $b^2=a^2+c^2-2ac\cos B$

$=3+6-6\sqrt{2}\times\dfrac{1}{\sqrt{2}}=3$

$b>0$ より，$\boldsymbol{b=\sqrt{3}}$

(ii)　$\cos C=\dfrac{3^2+5^2-7^2}{2\times3\times5}=\dfrac{9+25-49}{30}=-\dfrac{15}{30}=-\dfrac{1}{2}$

← $\cos C=\dfrac{a^2+b^2-c^2}{2ab}$

よって，$\boldsymbol{C=120°}$

(2)　$b^2=11^2=121$，$a^2+c^2=9^2+7^2=81+49=130$ より，

$b^2<a^2+c^2$ であるから，∠B は**鋭角**である。

← 対辺の 2 乗(b^2)とはさむ辺の 2 乗の和(a^2+c^2)の値を比べる

練習56　(1)　余弦定理より，

← $b^2=a^2+c^2-2ac\cos B$

$b^2=3^2+2^2-2\times3\times2\times\dfrac{2}{3}=5$

$b>0$ より，$\boldsymbol{b=\sqrt{5}}$

(2)　余弦定理より，

← $c^2=a^2+b^2-2ab\cos C$

$c^2=6^2+5^2-2\times6\times5\cos120°$

$=36+25-60\times\left(-\dfrac{1}{2}\right)=91$

$c>0$ より，$\boldsymbol{c=\sqrt{91}}$

(3)　$\cos A=\dfrac{3^2+4^2-2^2}{2\times3\times4}=\dfrac{9+16-4}{24}=\dfrac{21}{24}=\boldsymbol{\dfrac{7}{8}}$

← $\cos A=\dfrac{b^2+c^2-a^2}{2bc}$

(4)　$\cos B=\dfrac{8^2+3^2-7^2}{2\times8\times3}=\dfrac{64+9-49}{48}=\dfrac{1}{2}$

← $\cos B=\dfrac{a^2+c^2-b^2}{2ac}$
まず，$\cos B$ の値を求め，方程式を解く

よって，$\boldsymbol{B=60°}$

練習57

(1)　$2<\sqrt{7}<3$ より，$3^2=9$，$2^2+(\sqrt{7})^2=4+7=11$ で，

9<11 であるから，最大角は鋭角

よって，**鋭角三角形**である。

← △ABC において，$A<B \Leftrightarrow a<b$ であるから，最大辺の対角が最大角となる

← 最大角が鋭角より

(2)　$3<7<8$ より，$8^2=64$，$3^2+7^2=9+49=58$ で

64>58 であるから，最大角は鈍角

よって，**鈍角三角形**である。

← 最大角が鈍角より

40 三角形の面積

2 辺とはさむ角のサインの値がわかるときには，面積の公式を利用しよう。

問40　(1)　$S=\dfrac{1}{2}\times5\times4\times\sin150°=10\times\dfrac{1}{2}=\boldsymbol{5}$

← $S=\dfrac{1}{2}ac\sin B$

(2)　(i)　$\cos A=\dfrac{14^2+15^2-13^2}{2\times14\times15}=\dfrac{196+225-169}{420}=\dfrac{252}{420}=\boldsymbol{\dfrac{3}{5}}$

← $\cos A=\dfrac{b^2+c^2-a^2}{2bc}$

(ii)　$\sin A=\sqrt{1-\cos^2 A}=\sqrt{1-\left(\dfrac{3}{5}\right)^2}$

$=\sqrt{1-\dfrac{9}{25}}=\sqrt{\dfrac{16}{25}}=\boldsymbol{\dfrac{4}{5}}$

← $\sin^2 A+\cos^2 A=1$
$0°<A<180°$ より，$\sin A>0$

(iii)　$S=\dfrac{1}{2}\times14\times15\times\dfrac{4}{5}=\boldsymbol{84}$

← $S=\dfrac{1}{2}bc\sin A$

練習58　(1)　$S=\dfrac{1}{2}\times8\times6\times\sin120°=24\times\dfrac{\sqrt{3}}{2}=\boldsymbol{12\sqrt{3}}$

← $S=\dfrac{1}{2}ab\sin C$

(2)　$\cos A=\dfrac{10^2+7^2-11^2}{2\times10\times7}=\dfrac{100+49-121}{140}=\dfrac{1}{5}$

よって，$\sin A=\sqrt{1-\cos^2 A}=\sqrt{1-\left(\dfrac{1}{5}\right)^2}=\sqrt{1-\dfrac{1}{25}}=\sqrt{\dfrac{24}{25}}=\dfrac{2\sqrt{6}}{5}$

ゆえに，$S=\dfrac{1}{2}\times10\times7\times\dfrac{2\sqrt{6}}{5}=\mathbf{14\sqrt{6}}$

←$\sin^2 A+\cos^2 A=1$
$0°<A<180°$ より，$\sin A>0$

←別解
$s=\dfrac{a+b+c}{2}=\dfrac{11+10+7}{2}=14$
とすると，ヘロンの公式より，
$S=\sqrt{s(s-a)(s-b)(s-c)}$
$=\sqrt{14\times3\times4\times7}=14\sqrt{6}$

(3)　$\dfrac{1}{2}\times20\times2\times\sin C=10$ より，$\sin C=\dfrac{1}{2}$

よって，$\boldsymbol{C=30°,\ 150°}$

←$S=\dfrac{1}{2}ab\sin C$

練習59　(1)　$S=2\times\triangle\mathrm{ABC}=2\times\dfrac{1}{2}\times4\times5\times\sin135°$

$=20\times\dfrac{\sqrt{2}}{2}=\mathbf{10\sqrt{2}}$

←
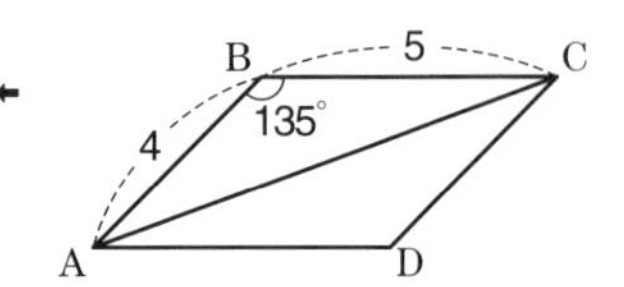

(2)　$S=2\times\triangle\mathrm{ABD}$ より，$12\sqrt{3}=2\times\dfrac{1}{2}\times6\times\mathrm{AD}\times\sin60°$

$=6\times\dfrac{\sqrt{3}}{2}\mathrm{AD}=3\sqrt{3}\,\mathrm{AD}$

よって，$\mathbf{AD=4}$

←
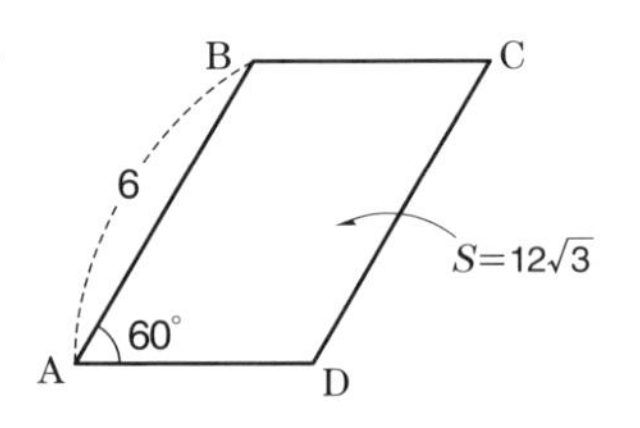

41　正弦定理・余弦定理，面積への応用

三角形の内接円の半径は，三角形の面積を利用して求めよう。
円に内接する四角形は，対角の和が 180° であることを活用しよう。

問41　(1)　余弦定理より，$7^2=3^2+c^2-2\times3\times c\times\cos120°$

$49=9+c^2-6c\times\left(-\dfrac{1}{2}\right)$

よって，$c^2+3c-40=0$　　$(c+8)(c-5)=0$
$c>0$ より，$\boldsymbol{c=5}$

←∠A が与えられているので
$a^2=b^2+c^2-2bc\cos A$
より，c の 2 次方程式をつくる

(2)　$S=\dfrac{1}{2}\times3\times5\times\sin120°=\dfrac{1}{2}\times15\times\dfrac{\sqrt{3}}{2}=\mathbf{\dfrac{15\sqrt{3}}{4}}$

←$S=\dfrac{1}{2}bc\sin A$

(3)　$S=\dfrac{1}{2}(a+b+c)r$ より，$\dfrac{15\sqrt{3}}{4}=\dfrac{1}{2}(7+3+5)r$

←三角形の内接円の半径は，面積から求められる

よって，$\dfrac{15}{2}r=\dfrac{15\sqrt{3}}{4}$　　ゆえに，$\boldsymbol{r=\dfrac{\sqrt{3}}{2}}$

練習60

(1)　(i)　余弦定理より，$a^2=2^2+(1+\sqrt{3})^2-2\times2\times(1+\sqrt{3})\cos60°$

$=4+(4+2\sqrt{3})-4(1+\sqrt{3})\times\dfrac{1}{2}=6$

←$a^2=b^2+c^2-2bc\cos A$

$a>0$ より，$\boldsymbol{a=\sqrt{6}}$

(ii)　正弦定理より，$\dfrac{\sqrt{6}}{\sin60°}=\dfrac{2}{\sin B}$

←$\dfrac{a}{\sin A}=\dfrac{b}{\sin B}$

よって，$\sin B=\dfrac{2}{\sqrt{6}}\times\sin60°=\dfrac{2}{\sqrt{6}}\times\dfrac{\sqrt{3}}{2}=\dfrac{1}{\sqrt{2}}=\dfrac{\sqrt{2}}{2}$

$A=60°$ より，$0°<B<120°$ であるから，$\boldsymbol{B=45°}$

←$B=45°$，$135°$ であるが，$A=60°$ より，$B<120°$ となることに注意

ゆえに，$C=180°-60°-45°=\mathbf{75°}$

(2) (i) $C=180°-45°-105°=30°$ であるから，正弦定理より，

$$\frac{a}{\sin 45°}=\frac{\sqrt{2}}{\sin 30°} \qquad a=\sqrt{2}\div\frac{1}{2}\times\frac{\sqrt{2}}{2}=\mathbf{2}$$

← $\dfrac{a}{\sin A}=\dfrac{c}{\sin C}$

(ii) 余弦定理より，$2^2=b^2+(\sqrt{2})^2-2\times b\times\sqrt{2}\times\cos 45°$

← $a^2=b^2+c^2-2bc\cos A$

$$4=b^2+2-2\sqrt{2}\,b\times\frac{1}{\sqrt{2}}$$

よって，$b^2-2b-2=0$

$b>0$ より，$\boldsymbol{b=1+\sqrt{3}}$

← 解は，$b=1\pm\sqrt{3}$ であるが
$1-\sqrt{3}<0$ より，$1-\sqrt{3}$ は適さない

練習61 (1) △ABD において，余弦定理より，

$$\begin{aligned}BD^2&=AB^2+AD^2-2AB\cdot AD\cos A\\&=4+4-2\times2\times2\cos A\\&=\mathbf{8-8\cos A}\end{aligned}$$

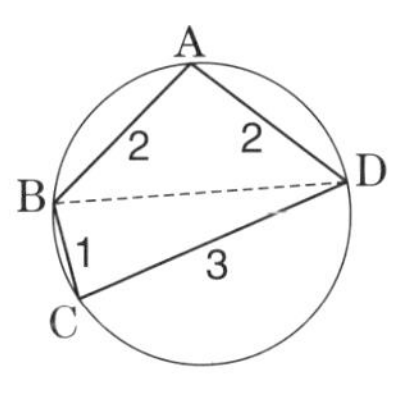

← 余弦定理は 1 つの角とそれをはさむ 2 辺と対辺の関係で覚えよう

(2) △BCD において，余弦定理より，

$$\begin{aligned}BD^2&=BC^2+CD^2-2BC\cdot CD\cos C\\&=1+9-2\times1\times3\cos C\\&=\mathbf{10-6\cos C}\end{aligned}$$

(3) (1)，(2)より，$8-8\cos A=10-6\cos C$　$(=BD^2)$

また，四角形 ABCD は円に内接しているから，$A+C=180°$ より，

← 円に内接する四角形の対角の和は 180°

$8-8\cos A=10-6\cos(180°-A)=10+6\cos A$

← $\cos(180°-A)=-\cos A$

よって，$14\cos A=-2$　　$\boldsymbol{\cos A=-\dfrac{1}{7}}$

ゆえに，$\sin A=\sqrt{1-\cos^2 A}$

$$=\sqrt{1-\left(-\frac{1}{7}\right)^2}=\sqrt{1-\frac{1}{49}}=\sqrt{\frac{48}{49}}=\mathbf{\frac{4\sqrt{3}}{7}}$$

← $\sin^2 A+\cos^2 A=1$
$0°<A<180°$ より，$\sin A>0$

(4) $\sin C=\sin(180°-A)=\sin A$ であるから，

← $\sin(180°-A)=\sin A$

四角形 ABCD＝△ABD＋△BCD

$$=\frac{1}{2}\times2\times2\times\sin A+\frac{1}{2}\times1\times3\times\sin C$$

$$=\frac{1}{2}(4+3)\sin A=\frac{7}{2}\times\frac{4\sqrt{3}}{7}=\mathbf{2\sqrt{3}}$$

42 空間図形への応用

空間図形の中に三角形があれば，正弦定理，余弦定理や面積の公式等を用いる。

問42

(1) AH は△ABC の外接円の半径であるから，正弦定理より，

← 正弦定理
外接円の半径を R とすると，$\dfrac{BC}{\sin A}=2R$

$$2AH=\frac{\sqrt{6}}{\sin 60°}=\sqrt{6}\cdot\frac{2}{\sqrt{3}}=2\sqrt{2}$$

よって，$\mathbf{AH=\sqrt{2}}$

(2) △OAH は直角三角形であるから，三平方の定理より，

$OA^2=OH^2+AH^2$　　$6=OH^2+2$　　$OH^2=4$

よって，$\mathbf{OH=2}$

(3)　△ABC の面積 S は，$S=\frac{1}{2}\cdot\sqrt{6}\cdot\sqrt{6}\sin60^\circ=\frac{1}{2}\cdot6\cdot\frac{\sqrt{3}}{2}=\frac{3\sqrt{3}}{2}$

　よって，体積 V は，$V=\frac{1}{3}\cdot S\cdot \mathrm{OH}=\frac{1}{3}\cdot\frac{3\sqrt{3}}{2}\cdot2=\boldsymbol{\sqrt{3}}$

←三角形の面積 $S=\frac{1}{2}\cdot\mathrm{AB}\cdot\mathrm{AC}\cdot\sin A$

←底面積 S，高さ h の三角錐の体積 V は $V=\frac{1}{3}Sh$

練習62

(1)　三平方の定理より，

$\mathrm{AC}^2=\mathrm{AB}^2+\mathrm{BC}^2=6+3=9$　よって，$\mathbf{AC=3}$

$\mathrm{AF}^2=\mathrm{AB}^2+\mathrm{BF}^2=6+1=7$　よって，$\mathbf{AF}=\boldsymbol{\sqrt{7}}$

$\mathrm{AH}^2=\mathrm{AD}^2+\mathrm{DH}^2=3+1=4$　よって，$\mathbf{AH=2}$

←△ABC，△ABF，△ADH は直角三角形

(2)　△ACF について，AC＝3，AF＝$\sqrt{7}$，CF＝AH＝2 であるから，

　余弦定理より，

$$\cos\theta=\frac{\mathrm{AC}^2+\mathrm{CF}^2-\mathrm{AF}^2}{2\mathrm{AC}\cdot\mathrm{CF}}=\frac{9+4-7}{2\cdot3\cdot2}=\frac{6}{12}=\boldsymbol{\frac{1}{2}}$$

←余弦定理 $\mathrm{AF}^2=\mathrm{AC}^2+\mathrm{CF}^2-2\mathrm{AC}\cdot\mathrm{CF}\cos\theta$

(3)　$\sin\theta=\sqrt{1-\cos^2\theta}=\sqrt{1-\frac{1}{4}}=\sqrt{\frac{3}{4}}=\frac{\sqrt{3}}{2}$ より

$$S=\frac{1}{2}\cdot\mathrm{AC}\cdot\mathrm{CF}\sin\theta=\frac{1}{2}\cdot3\cdot2\cdot\frac{\sqrt{3}}{2}=\boldsymbol{\frac{3\sqrt{3}}{2}}$$

←$\sin^2\theta+\cos^2\theta=1$，$0^\circ<\theta<180^\circ$ のとき $\sin\theta>0$ より $\sin\theta=\sqrt{1-\cos^2\theta}$

$\left(\cos\theta=\frac{1}{2}\right.$ より $\theta=60^\circ$ であるから，$\sin\theta=\frac{\sqrt{3}}{2}$ としてもよい$\left.\right)$

練習63

(1)　△ABC⊥BF より，$V=\frac{1}{3}\cdot\triangle\mathrm{ABC}\cdot\mathrm{BF}=\frac{1}{3}\cdot\left(\frac{1}{2}\cdot2\cdot2\right)\cdot2=\boldsymbol{\frac{4}{3}}$

←底面△ABC，高さ BF の三角錐の体積

(2)　AC＝CF＝FA＝$2\sqrt{2}$ より△ACF は正三角形であるから，

$$S=\frac{1}{2}\cdot2\sqrt{2}\cdot2\sqrt{2}\sin60^\circ=4\cdot\frac{\sqrt{3}}{2}=\boldsymbol{2\sqrt{3}}$$

←三角形の面積 $S=\frac{1}{2}\cdot\mathrm{AC}\cdot\mathrm{AF}\cdot\sin60^\circ$

(3)　$V=\frac{1}{3}\cdot S\cdot h=\frac{4}{3}$ より　$\frac{1}{3}\cdot2\sqrt{3}\cdot h=\frac{4}{3}$

　よって，$h=\frac{4}{2\sqrt{3}}=\frac{2}{\sqrt{3}}=\boldsymbol{\frac{2\sqrt{3}}{3}}$

←四面体の体積と底面積が求められていれば高さ（＝垂線の長さ）がわかる

43 データの整理

度数の合計が異なるデータを比べるときは，相対度数を調べよう。

問43

(1)　度数 16 が最大であるから，階級は **20 以上～30 未満**で，

　階級値は，$\frac{20+30}{2}=\mathbf{25}$

←階級値は階級の中央の値

(2)

20
16
12
8
4
0
10 20 30 40 50

(3)　10 以上～20 未満の度数は 12 であるから，$\frac{12}{40}=\mathbf{0.3}$

←相対度数＝$\frac{\text{階級の度数}}{\text{全体の度数}}$

練習64

(1)

階級 (cm)	階級値 (cm)	度数 (人)	相対度数
175.0以上〜180.0未満	**177.5**	**4**	**0.2**
170.0　〜175.0	**172.5**	**5**	**0.25**
165.0　〜170.0	**167.5**	**4**	**0.2**
160.0　〜165.0	**162.5**	**2**	**0.1**
155.0　〜160.0	**157.5**	**3**	**0.15**
150.0　〜155.0	**152.5**	**2**	**0.1**
計		20	1

← 相対度数$=\dfrac{\text{階級の度数}}{\text{全体の度数}}$

← $\dfrac{4}{20}=0.2$

← $\dfrac{5}{20}=0.25$

← $\dfrac{2}{20}=0.1$

← $\dfrac{3}{20}=0.15$

(2)

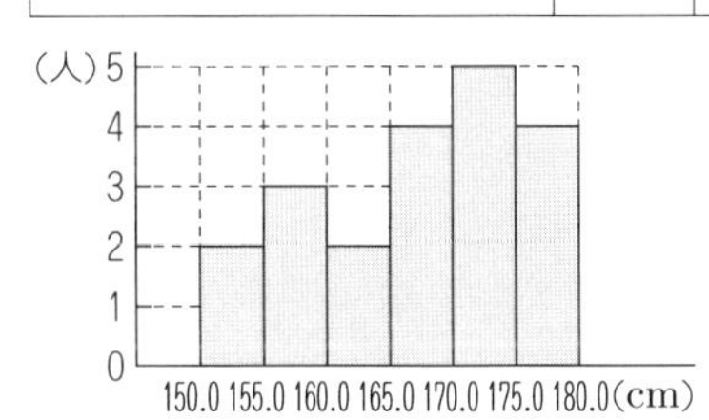

練習65

(1)　61点以上〜70点以下の階級における人数の割合は，相対度数を調べると

A校は $\dfrac{12}{40}=0.3$，B校は $\dfrac{14}{50}=0.28$ であるから，**A校の方が大きい。**

← 相対度数$=\dfrac{\text{階級の度数}}{\text{全体の度数}}$

(2)　71点以上の人数は，A校は，$7+3+2=12$（人），B校は，$5+4+3=12$（人）であるから同じである。よって，度数の合計（A校は40，B校は50）が少ない方が割合は大きい。ゆえに，71点以上の人数の割合は**A校の方が大きい。**

← 71点以上，100点以下の人数を調べる。相対度数を計算すると，

A校は $\dfrac{12}{40}=0.3$

B校は $\dfrac{12}{50}=0.24$

であるから，A校の方が大きい

44 代表値

中央値はデータの個数が偶数のときは，中央の2つの平均値になる。

問44

(1)　平均値は，$\dfrac{4+3+5+5+2+8+4+5}{8}=\dfrac{36}{8}=$**4.5（時間）**

← 平均値$=\dfrac{\text{データの値の総和}}{\text{データの個数}}$

(2)　データを小さい順に並べると，2，3，4，4，5，5，5，8となり，

中央の2つの値は4と5であるから，中央値は $\dfrac{4+5}{2}=$**4.5（時間）**

← 8個のデータがあるから，中央にある4番目と5番目の値の平均を求める

(3)　度数分布表は次のようになるから，最頻値は**5（時間）**

時間	2	3	4	5	8	計
度数	1	1	2	3	1	8

← 最も大きい度数は3であるから，その時間が最頻値になる

練習66

(1)　平均値は，$\dfrac{55+52+56+54+47+52+54}{7}=\dfrac{370}{7}=52.85\cdots$

よって，**52.9（kg）**

← 平均値$=\dfrac{\text{データの値の総和}}{\text{データの個数}}$

(2)　データを小さい順に並べると，47，52，52，54，54，55，56となるから

中央値は，**54（kg）**

← 7個のデータがあるから，中央値は4番目の値

練習67

平均値は $\frac{13\times3+11\times5+9\times6+7\times4+5\times3+3\times3+1\times6}{30}$

$=\frac{39+55+54+28+15+9+6}{30}=\frac{206}{30}=6.86\cdots$

よって，**6.9（時間）**

← $\frac{((階級値)\times(度数))の総和}{(度数の合計)}$

練習68

(1)　平均値が 4 であるから

$\frac{2+3+3+6+8+x}{6}=4$　　$22+x=24$　　$\boldsymbol{x=2}$

(2)　$x\leqq3$ のとき，中央の 2 つはともに 3 であるから，中央値は 3 となり不適。
4≦x≦5 のとき，中央の 2 つは 3 と x であるから，中央値は

$\frac{3+x}{2}=4$　より，$3+x=8$　　よって，$x=5$（$4\leqq x\leqq5$ を満たす）

$6\leqq x$ のとき，中央の 2 つは 3 と 6 であるから，中央値は $\frac{3+6}{2}=4.5$ となり不適。

ゆえに，$\boldsymbol{x=5}$

← 6 個のデータを小さい順（または大きい順）に並べたとき，中央にあるのは 3 番目と 4 番目のデータ

45　データの散らばり (1)

考え方　**中央値のまわりのばらつき具合は，四分位数を求めて箱ひげ図をかくとわかりやすい。**

問45

(1)　第 1 四分位数は，左側 5 個のデータの中央値であるから，**154**（cm）← 左から 3 番目のデータ
第 2 四分位数は，中央値であるから，**157**（cm）← 6 番目のデータ
第 3 四分位数は，右側 5 個のデータの中央値であるから，**161**（cm）← 右から 3 番目のデータ

(2)　範囲は，167－150＝**17**（cm）← (範囲)＝(最大値)－(最小値)
四分位範囲は，161－154＝**7**（cm）← (四分位範囲)＝(第 3 四分位数)－(第 1 四分位数)

(3)
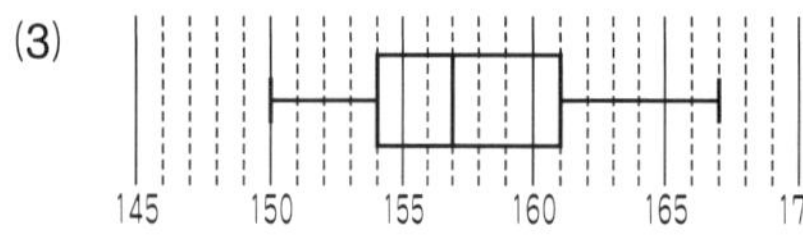

練習69

(1)　平均値は，$\frac{1+2+3+3+4+6+8+9+9}{9}=\frac{45}{9}=\boldsymbol{5}$　← $\frac{データの値の総和}{データの個数}$

第 1 四分位数は，左側 4 個のデータの中央値であるから，$\frac{2+3}{2}=\boldsymbol{2.5}$　← 総数 9 個のデータなので中央を除き，左側 4 個，右側 4 個に分けて考える

第 2 四分位数は，中央値であるから，**4**　← 総数 9 個のデータなので 5 番目の値

第 3 四分位数は，右側 4 個のデータの中央値であるから，$\frac{8+9}{2}=\boldsymbol{8.5}$　← 4 個のデータの中央値は中央 2 つの値の平均

よって，箱ひげ図は
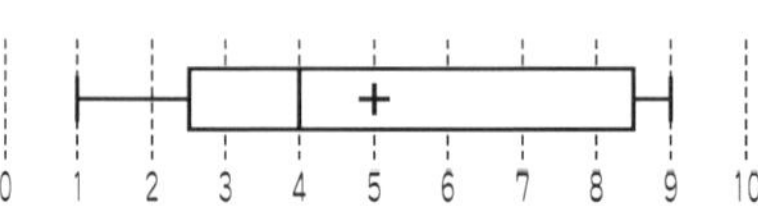

(2) 平均値は，$\dfrac{12+15+19+21+23+24}{6}=\dfrac{114}{6}=\mathbf{19}$

第 1 四分位数は，左側 3 個のデータの中央値であるから，**15**

← 総数 6 個のデータなので，左側 3 個，右側 3 個に分けて考える

第 2 四分位数は，中央値であるから，$\dfrac{19+21}{2}=\mathbf{20}$

← 総数 6 個のデータなので，中央 2 つの値の平均を求める

第 3 四分位数は，右側 3 個のデータの中央値であるから，**23**

よって，箱ひげ図は

(3) 平均値は，$\dfrac{63+63+64+66+67+67+68+70}{8}=\dfrac{528}{8}=\mathbf{66}$

第 1 四分位数は，左側 4 個のデータの中央値であるから，$\dfrac{63+64}{2}=\mathbf{63.5}$

← 総数 8 個のデータなので，左側 4 個，右側 4 個に分けて考える

第 2 四分位数は，中央値であるから，$\dfrac{66+67}{2}=\mathbf{66.5}$

← 総数 8 個のデータなので，中央の 2 つの値の平均を求める

第 3 四分位数は，右側 4 個のデータの中央値であるから，$\dfrac{67+68}{2}=\mathbf{67.5}$

← 第 3 四分位数も右側 4 個のデータのうち中央の 2 つの値の平均で求める

よって，箱ひげ図は

練習70 A 校，B 校それぞれの四分位数を調べる。

A 校について，第 1 四分位数は，$\dfrac{175+177}{2}=176$（cm）

← 総数 8 個のデータなので，左側 4 個，右側 4 個に分けて考える

第 2 四分位数は，$\dfrac{177+178}{2}=177.5$（cm）

第 3 四分位数は，$\dfrac{180+182}{2}=181$（cm）

B 校について，第 1 四分位数は，$\dfrac{174+176}{2}=175$（cm）

← 総数 9 個のデータなので，中央を除き，左側 4 個，右側 4 個に分けて考える

第 2 四分位数は，177（cm）

第 3 四分位数は，$\dfrac{179+180}{2}=179.5$（cm）

以上より箱ひげ図をかくと，

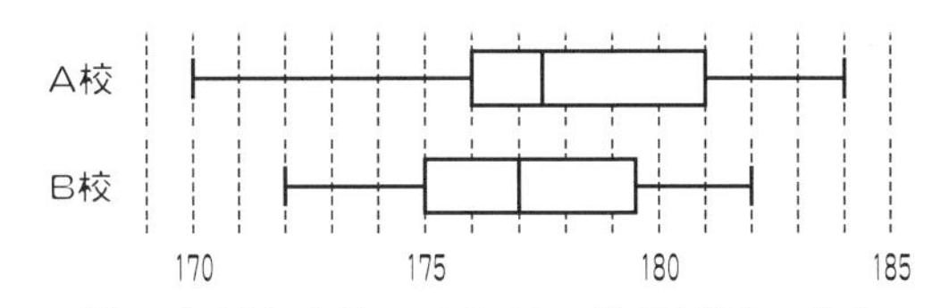

よって，**A 校の方が中央値のまわりの散らばりの度合いが大きい。**

46 データの散らばり (2)

平均値からのばらつきの大きさは，分散（平均値からの差の 2 乗の平均）
標準偏差（分散の正の平方根）　を利用する。

問46 (1) 数学の得点の平均値は

$\dfrac{74+72+78+70+81}{5}=\dfrac{375}{5}=\mathbf{75}$（点）

よって，偏差はそれぞれ-1，-3，3，-5，6 となるから，分散は

$$\frac{(-1)^2+(-3)^2+3^2+(-5)^2+6^2}{5}=\frac{80}{5}=\mathbf{16}$$

ゆえに，標準偏差は，$\sqrt{16}=\mathbf{4}$（点）

⬅(偏差)＝(データの値)－(平均値)

⬅(分散)＝(偏差の 2 乗の平均)

⬅(標準偏差)＝$\sqrt{分散}$

(2)　英語の得点の平均値は，$\dfrac{83+76+75+84+82}{5}=\dfrac{400}{5}=80$（点）

よって，分散は，$\dfrac{3^2+(-4)^2+(-5)^2+4^2+2^2}{5}=\dfrac{70}{5}=\mathbf{14}$

(3)　数学と英語の分散の値を比較すると，

16＞14 より，**数学の方がばらつきが大きい。**

練習71

(1)　A 班の平均値は，$\dfrac{3+6+10+10+6}{5}=\dfrac{35}{5}=\mathbf{7}$（問）

よって，分散は $\dfrac{(-4)^2+(-1)^2+3^2+3^2+(-1)^2}{5}=\dfrac{36}{5}=\mathbf{7.2}$

⬅(分散)＝(偏差の 2 乗の平均)

B 班の平均値は，$\dfrac{9+8+3+10+7+2+9+8}{8}=\dfrac{56}{8}=\mathbf{7}$（問）

よって，分散は，$\dfrac{2^2+1^2+(-4)^2+3^2+0^2+(-5)^2+2^2+1^2}{8}$

$=\dfrac{60}{8}=\dfrac{15}{2}=\mathbf{7.5}$

⬅(分散)＝(偏差の 2 乗の平均)

(2)　(1)より，A，B 班の分散を比較すると，

7.2＜7.5 より，**B 班の方がばらつきが大きい。**

練習72

平均値が 10 であるから，$\dfrac{13+9+a+12+9+13+11+b+8+9}{10}=10$

$a+b+84=100\qquad b=16-a\quad\cdots①$

標準偏差が 2 より，分散が 4 であるから，

$$\frac{3^2+(-1)^2+(a-10)^2+2^2+(-1)^2+3^2+1^2+(b-10)^2+(-2)^2+(-1)^2}{10}=4$$

⬅(標準偏差)＝$\sqrt{分散}$より
(標準偏差)^2＝分散

$(a-10)^2+(b-10)^2+30=40\qquad (a-10)^2+(b-10)^2=10\quad\cdots②$

①を②に代入すると，$(a-10)^2+(6-a)^2=10\qquad 2a^2-32a+126=0$

$a^2-16a+63=0\qquad (a-7)(a-9)=0\qquad a=7,\ 9$

①に代入して，$a=7$ のとき，$b=9$，$a=9$ のとき，$b=7$

$a<b$ より，$\boldsymbol{a=7,\ b=9}$

練習73

(1)　平均値 $\bar{x}=\dfrac{1+5+6+3+5}{5}=\dfrac{20}{5}=\mathbf{4}$

分散 $s^2=\dfrac{(-3)^2+1^2+2^2+(-1)^2+1^2}{5}=\dfrac{16}{5}=\mathbf{3.2}$

(2)　データのそれぞれの値を 2 乗すると，1，25，36，9，25 となるから，

平均値 $\overline{x^2}=\dfrac{1+25+36+9+25}{5}=\dfrac{96}{5}=\mathbf{19.2}$

(3)　$\overline{x^2}-(\bar{x})^2=\dfrac{96}{5}-4^2=\dfrac{96-80}{5}=\dfrac{16}{5}=s^2$

(注)一般に
データ x の平均値を $\bar{x}$，分散を s^2，x の 2 乗の平均値を $\overline{x^2}$ とすると，
$s^2=\overline{x^2}-(\bar{x})^2$
が成り立つ

47 データの相関

考え方 相関関係を調べるためには，相関係数を求める方法がある。

問47

(1) 古典，数学の偏差とその積は，

古典 $(x-\overline{x})$	1	0	3	-1	-3
数学 $(y-\overline{y})$	0	-2	-1	1	2
$(x-\overline{x})(y-\overline{y})$	0	0	-3	-1	-6

←古典の平均値 $\overline{x}=7$（点）との差を求める
←数学の平均値 $\overline{y}=7$（点）との差を求める

よって，共分散 s_{xy} は，

←共分散は偏差の積 $(x-\overline{x})(y-\overline{y})$ の平均値

$$s_{xy}=\frac{1}{5}\{0+0+(-3)+(-1)+(-6)\}=-\frac{10}{5}=\mathbf{-2}$$

(2) 古典，数学の標準偏差 s_x，s_y は，$s_x=\sqrt{4}=2$（点），$s_y=\sqrt{2}$（点）であるから，

←標準偏差 $=\sqrt{\text{分散}}$

$$\text{相関係数 } r=\frac{s_{xy}}{s_x s_y}=\frac{-2}{2\sqrt{2}}=-\frac{\sqrt{2}}{2}\fallingdotseq \mathbf{-0.7}$$

←r が -1 に近いので，古典と数学の得点は負の相関がある

練習74

	A	B	C	D	E	計		
x	7	10	16	4	13	50	平均 $\overline{x}$	10
y	10	6	9	8	7	40	平均 $\overline{y}$	8
$x-\overline{x}$	-3	0	6	-6	3			
$y-\overline{y}$	2	-2	1	0	-1			
$(x-\overline{x})^2$	9	0	36	36	9	90		
$(y-\overline{y})^2$	4	4	1	0	1	10		
$(x-\overline{x})(y-\overline{y})$	-6	0	6	0	-3	-3		

←$\overline{x}=\frac{50}{5}=10$
←$\overline{y}=\frac{40}{5}=8$
←偏差の計は0になるので，チェックに使うとよい。
←偏差の計は0

x，y の分散をそれぞれ $s_x{}^2$，$s_y{}^2$，標準偏差をそれぞれ，s_x，s_y，共分散を s_{xy} とすると，

$$s_x{}^2=\frac{90}{5}=18,\quad s_y{}^2=\frac{10}{5}=2 \text{ より，} s_x=\sqrt{18}=3\sqrt{2},\quad s_y=\sqrt{2}$$

←$s_x{}^2=\{(x-\overline{x})^2$ の平均値$\}$，$s_y{}^2=\{(y-\overline{y})^2$ の平均値$\}$
$s_x=\sqrt{s_x{}^2}$，$s_y=\sqrt{s_y{}^2}$

また，$s_{xy}=-\frac{3}{5}$（$=-0.6$）であるから，

←$s_{xy}=\{(x-\overline{x})(y-\overline{y})$ の平均値$\}$

$$\text{相関係数 } r=\frac{s_{xy}}{s_x s_y}=\frac{-0.6}{3\sqrt{2}\cdot\sqrt{2}}=-\frac{0.6}{6}=\mathbf{-0.1}$$

←r は0に近い値であるから，x と y はほとんど相関関係がない

練習75

(1)

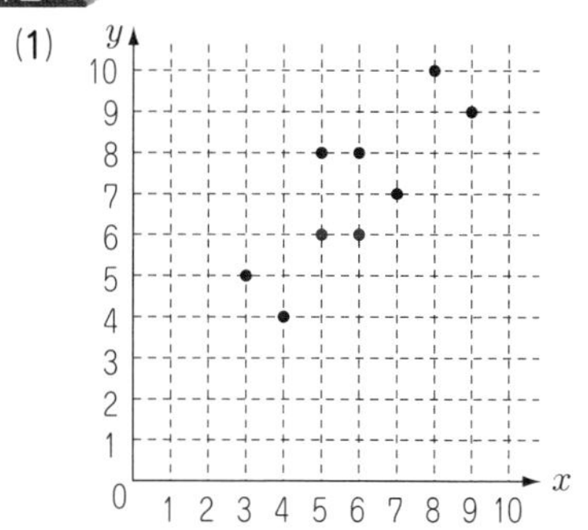

←点 (x, y) を図示する

x の値が増えると y の値も増えるから，**正の相関**がある。

←傾きが正の直線に点が集まる

(2)

生　徒	A	B	C	D	E	F	G	H	I	J	計
5月 (x)	5	7	8	9	4	6	3	7	5	6	60
$x-\overline{x}$	-1	1	2	3	-2	0	-3	1	-1	0	
$(x-\overline{x})^2$	1	1	4	9	4	0	9	1	1	0	30

上の表より，平均値 $\overline{x}=\dfrac{60}{10}=\mathbf{6}$（冊），分散 $s_x{}^2=\dfrac{30}{10}=\mathbf{3}$

←$s_x{}^2=\{(x-\overline{x})^2$ の平均値$\}$

よって，標準偏差 $s_x=\sqrt{\mathbf{3}}$（冊）

(3)

生　徒	A	B	C	D	E	F	G	H	I	J	計
10月 (y)	8	7	10	9	4	8	5	7	6	6	70
$y-\overline{y}$	1	0	3	2	-3	1	-2	0	-1	-1	
$(y-\overline{y})^2$	1	0	9	4	9	1	4	0	1	1	30

上の表より，平均値 $\overline{y}=\dfrac{70}{10}=\mathbf{7}$（冊），分散 $s_y{}^2=\dfrac{30}{10}=\mathbf{3}$

←$s_y{}^2=\{(y-\overline{y})^2$ の平均値$\}$

よって，標準偏差 $s_y=\sqrt{\mathbf{3}}$（冊）

(4)　(2)，(3)の表より

生　徒	A	B	C	D	E	F	G	H	I	J	計
$(x-\overline{x})(y-\overline{y})$	-1	0	6	6	6	0	6	0	1	0	24

よって，共分散 $s_{xy}=\dfrac{24}{10}=\mathbf{2.4}$

←$s_{xy}=\{(x-\overline{x})(y-\overline{y})$ の平均値$\}$

ゆえに，相関係数 $r=\dfrac{s_{xy}}{s_x s_y}=\dfrac{2.4}{\sqrt{3}\sqrt{3}}=\dfrac{2.4}{3}=\mathbf{0.8}$

←$r>0$ より，正の相関がある
（1 に近い数値であるので強い正の相関がある）

48 仮説検定の考え方

主張に反する仮定を考え，観察された結果が得られる確率を求めよう。

問 48

　このコインは表と裏の出方に偏りがないと仮定する。

←偏りがあることを主張したいので，その否定が成り立つと仮定する

このとき，実験の結果から，裏が 5 回出る確率は $\dfrac{3}{100}=0.03$ である。

←裏が 5 回出るのは表が 0 回出るとき

これは基準となる確率 0.05 より小さいので，仮定は成り立たない。

　よって，このコインは表と裏の出方に**偏りがある**と判断できる。

練習76

　このコインは表と裏の出方に偏りがないと仮定する。

このとき，実験の結果から，表が 9 回以上出る確率は $\dfrac{3+1}{200}=0.02$ である。

← 9 回でなく，表が 9 回または 10 回出る確率を調べる

これは基準となる確率 0.05 より小さいので，仮定は成り立たない。

　よって，このコインは表と裏の出方に**偏りがある**と判断できる。